Bauphysik nach Maß

Bauphysik nach Maß

Planungshilfen für
Hochbauten aus Beton

Jörg Brandt
Helmut Moritz

Herausgeber
Bundesverband der Deutschen Zementindustrie, Köln
Bundesverband Deutsche Beton- und Fertigteilindustrie, Bonn
Bundesverband der Deutschen Transportbetonindustrie, Duisburg

Die Deutsche Bibliothek - CIP-Einheitsaufnahme

Brandt, Jörg: Bauphysik nach Maß: Planungshilfen für Hochbauten aus Beton / Jörg Brandt; Helmut Moritz. Hrsg. Bundesverband der Deutschen Zementindustrie, Köln ... - Düsseldorf: Beton-Verl., 1995

ISBN 3-7640-0345-6

NE: Moritz, Helmut

© by Beton-Verlag GmbH, Düsseldorf, 1995

Diese Broschüre wurde auf umweltfreundlichem Papier (aus chlorfrei gebleichtem Zellstoff) gedruckt.

Satz / Druck / Verarbeitung: Boss-Druck, Kleve

Vorwort

Die Aufgaben des energiesparenden Wärmeschutzes haben einen zunehmenden Einfluß auf Planung, Auswahl und Ausführung der Baukonstruktionen. Die dem Praktiker zur Verfügung stehenden Informationen sind häufig einseitig und lassen mitunter eine ausgewogene Darstellung vermissen, die auch andere Aspekte des praktischen Bauens berücksichtigt. Die vorliegende Broschüre geht erfreulicherweise einen anderen Weg.

„Bauphysik nach Maß" stellt für den Praktiker, aber auch für den theoretisch Interessierten eine hervorragende Arbeitshilfe und Informationsquelle für die aktuellen Aufgaben der praktischen Bauphysik dar. Das Buch geht ausführlich auf den heutigen Erkenntnisstand und die derzeitigen Anforderungen – insbesondere im baulichen Wärmeschutz einschließlich der Wärmeschutzverordnung '95, aber auch im Schall- und Brandschutz – ein. Aufgrund technischer und energiepolitischer Erfordernisse unterliegen zur Zeit die Anforderungen an das energiesparende Bauen wie auch die Baustoffe und Bauarten einer verhältnismäßig schnellen Entwicklung. Hierzu werden wichtige Hinweise gegeben. An vielen Beispielen wird gezeigt, wie und in welchem Umfang Verbesserungen des Wärmeschutzes bei schweren Wandbauarten vorgenommen werden können. In den Darstellungen wird auch auf die Probleme des sommerlichen Wärmeschutzes und den Einfluß speicherfähiger Baustoffe eingegangen sowie eine Abgrenzung zum winterlichen Wärmeschutz vorgenommen.

Des weiteren wird auf die vielfältigen Aufgaben des baulichen Brandschutzes hingewiesen und eine Verbindung zu den genannten anderen Schutzaufgaben und Anforderungsbereichen hergestellt.

Die vorliegende Broschüre berücksichtigt den gegenwärtigen Stand der einschlägigen technischen Regelwerke, wie DIN 4108 – Wärmeschutz im Hochbau – und DIN 4109 – Schallschutz im Hochbau. Insofern haben die Ausführungen für den Anwender den besonderen Vorteil, daß er zusätzliche Informationen aus den Regelwerken selbst, wie z. B. über Stoffwerte zum Wärmeschutz, im allgemeinen nicht heranzuziehen braucht. Eine gezielte Auswertung für den Betonbau und Anwendungen unter Verwendung von Mauersteinen aus Leichtbeton wurde vorgenommen.

Die Broschüre wird viele Freunde in der Baupraxis finden, da sie in gebündelter Form Antworten auf zahlreiche Fragestellungen des praktischen Bauens gibt. Ich wünsche ihr im Interesse einer notwendigen Verbreitung bauphysikalischer und bautechnischer Kenntnisse, die Voraussetzungen für sachgerecht ausgeführte moderne Baukonstruktionen sind, einen großen Zuspruch.

Prof. Dr.-Ing. Herbert Ehm
Ministerialdirigent im Bundesministerium für
Raumordnung, Bauwesen und Städtebau

Juli 1995

Vorbemerkung

Die vorliegende Broschüre „Bauphysik nach Maß" geht auf die Broschüre „Wärmeschutz nach Maß" zurück, die erstmals im Jahr 1975 erschienen ist. In der Zwischenzeit gibt es sechs Auflagen, die jeweils an den neuesten Stand der Entwicklungen beim Wärmeschutz im Hochbau angepaßt wurden. Schon immer waren wir bemüht, die wechselseitigen Beziehungen zwischen Wärme-, Feuchte-, Schall- und Brandschutz darzustellen und bei Lösungsvorschlägen zu berücksichtigen. Dies wird jetzt auch mit der Änderung des Titels zum Ausdruck gebracht.

Die Broschüre „Bauphysik nach Maß" richtet sich vor allem an den Bauplaner. Der Inhalt der Vorgängerbroschüre wurde neu gefaßt, die Auswirkungen der gültigen Wärmeschutzverordnung eingearbeitet und die Kapitel Schall- und Brandschutz wesentlich erweitert.

Bauphysikalische Zusammenhänge und Grundlagen der Bauphysik sind auf ein für das Verständnis notwendiges Maß beschränkt. Statt dessen wird besonderer Wert auf praxisnahe Darstellungen und Arbeitshilfen gelegt.

Von dem Autorenteam der Bauberatung Zement Dr. Jörg Brandt, Dipl.-Ing. Rudolf Krieger und Dipl.-Ing. Helmut Moritz ist Herr Krieger bereits vor fünf Jahren ausgeschieden. Ihm sei an dieser Stelle nochmals gedankt für sein mit hohem Engagement eingebrachtes Fachwissen als langjähriger Mitverfasser.

Herrn Dipl.-Ing. Dieter Schwerm vom Bundesverband der Deutschen Beton- und Fertigteilindustrie danken wir für seine Anregungen und die Durchsicht des Manuskriptes.

Juli 1995   Die Verfasser

Inhaltsverzeichnis

1 Bedeutung der Bauphysik

Die Bauphysik befaßt sich mit den physikalischen Phänomenen an und in Gebäuden. Sie soll ein der Gebäudenutzung angepaßtes optimales Raumklima sichern sowohl im Winter als auch im Sommer. Der Aufwand für Herstellung, Instandsetzung und Heizung der Gebäude ist möglichst gering zu halten. Aufgabe der Bauphysik ist es aber auch, Feuchtigkeitsschäden zu verhindern, um so die Funktionsfähigkeit der Gebäude dauernd aufrechtzuerhalten. Einige wesentliche Einflüsse auf Außenbauteile sowie die sich daraus ergebenden bauphysikalischen Funktionen zeigt Bild 1. Darüber hinaus gilt es, die Bewohner vor störendem Lärm zu schützen und im Brandfall Leben und Sachwerte zu bewahren.

Je nach Gebäudeart und -nutzung sowie der Lage der Bauteile im Gebäude ergeben sich unterschiedliche bauphysikalische Anforderungen. Die wichtigsten daraus abgeleiteten Schutzfunktionen sind der Wärme-, Feuchte-, Schall- und Brandschutz. Erst die wirtschaftliche Erfüllung der Summe dieser Anforderungen und Funktionen ist ausschlaggebend für die Wahl der Baustoffe und der Konstruktionen.

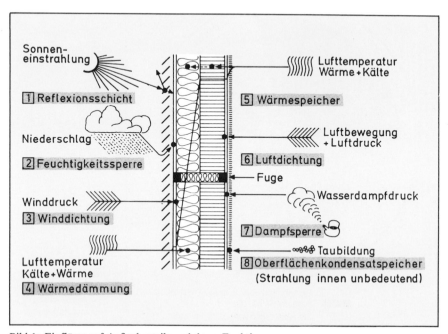

Bild 1: Einflüsse auf Außenbauteile und deren Funktionen

1.1 Gesundes Wohnen

Die Gesundheit und Leistungsfähigkeit des heutigen Menschen hängt wesentlich von der Qualität des Raumklimas ab; er verbringt nämlich im Durchschnitt mehr als zwei Drittel seines Lebens in Wohn- oder Arbeitsräumen, also in Gebäuden. Gesundheit wird als Zustand physischen, psychischen und sozialen Wohlbefindens verstanden. Gebäudegestaltung und bauphysikalische Eigenschaften der raumumschließenden Bauteile schaffen daher wichtige Voraussetzungen für das physische Wohlbefinden.

1.1.1 Thermische Behaglichkeit

Ein wesentlicher Teil des physischen Wohlbefindens ist die thermische Behaglichkeit, die ihrerseits wieder von einer Vielzahl von Einflüssen und Zuständen abhängt.

In Bild 2 sind 21 Einflußfaktoren auf die thermische Behaglichkeit des Menschen dargestellt. Davon werden sechs als primäre und dominierende, acht als zusätzliche und sieben als sekundäre und vermutete Faktoren eingestuft. Den

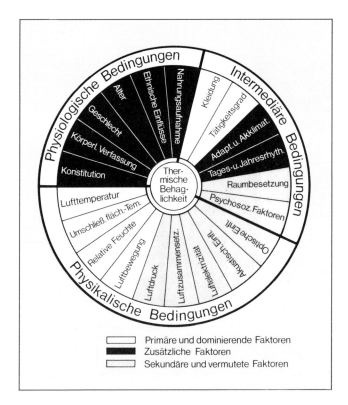

Bild 2: Thermische Behaglichkeit in Abhängigkeit von physiologischen, intermediären und physikalischen Einflüssen nach [1]

größten Einfluß auf die thermische Behaglichkeit haben danach die Raumklimafaktoren:

☐ Oberflächentemperatur der raumumschließenden Bauteile (Bilder 3 bis 5),

☐ relative Feuchte der Raumluft (Bild 6),

☐ Luftbewegung (Bild 7).

Diese Faktoren bestimmen die Wärmeabgabe des menschlichen Körpers an die Umgebung. Sie müssen in einem bestimmten Verhältnis zur Raumlufttemperatur stehen. Dabei spielt die Art der Bekleidung und die Art der Tätigkeit eine wichtige Rolle. Die Bilder 3 bis 7 zeigen Behaglichkeitsfelder des Menschen in geschlossenen Räumen [2]. Tafel 1 enthält Richtwerte des menschlichen Wärmehaushalts in Abhängigkeit von der Art der Tätigkeit.

Aus Bild 3 ist abzuleiten, daß die empfundene Temperatur ϑ_R das arithmetische Mittel aus der mittleren Oberflächentemperatur der raumumschließenden Bauteile $\vartheta_{i,\,o}$ und der Raumlufttemperatur ϑ_i ist. Im Winter wird bei $\vartheta_i = 22\,°C$ ein $\vartheta_{i,\,o} = 13\,°C$ gerade noch als behaglich empfunden. Bei $\vartheta_i = 20\,°C$ ist diese Grenze bereits bei $\vartheta_{i,\,o} = 15\,°C$ erreicht.

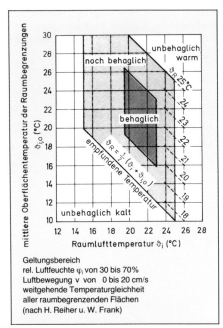

Geltungsbereich
rel. Luftfeuchte φ_i von 30 bis 70%
Luftbewegung v von 0 bis 20 cm/s
weitgehende Temperaturgleichheit
aller raumbegrenzenden Flächen
(nach H. Reiher u. W. Frank)

Bild 3: Behaglichkeitsfeld des Menschen in geschlossenen Räumen in Abhängigkeit von Raumlufttemperatur und mittlerer Oberflächentemperatur der Raumbegrenzungen

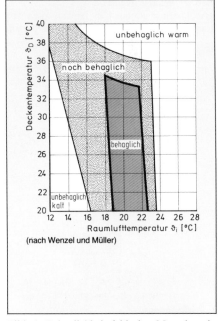

(nach Wenzel und Müller)

Bild 4: Behaglichkeitsfeld des Menschen in geschlossenen Räumen in Abhängigkeit von Raumlufttemperatur und Deckentemperatur

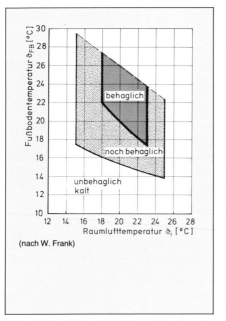

(nach W. Frank)

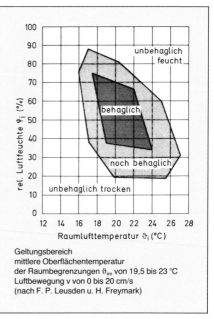

Geltungsbereich
mittlere Oberflächentemperatur
der Raumbegrenzungen ϑ_{im} von 19,5 bis 23 °C
Luftbewegung v von 0 bis 20 cm/s
(nach F. P. Leusden u. H. Freymark)

Bild 5: Behaglichkeitsfeld des Menschen in geschlossenen Räumen in Abhängigkeit von Raumlufttemperatur und Fußbodentemperatur

Bild 6: Behaglichkeitsfeld des Menschen in geschlossenen Räumen in Abhängigkeit von Raumlufttemperatur und relativer Luftfeuchte

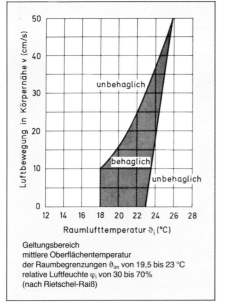

Geltungsbereich
mittlere Oberflächentemperatur
der Raumbegrenzungen ϑ_{im} von 19,5 bis 23 °C
relative Luftfeuchte φ_i von 30 bis 70%
(nach Rietschel-Raiß)

Bild 7: Behaglichkeitsfeld des Menschen in geschlossenen Räumen in Abhängigkeit von Raumlufttemperatur und Luftbewegung

14

Tafel 1: Wärmehaushalt des Menschen (Richtwerte) nach [4]

Richtwerte zum menschlichen Wärmehaushalt (Angaben für 1 Person)		Art der Betätigung									
		völlige Ruhe ruhiges Liegen		geringe Betätigung in Ruhe sitzend		leichte Arbeit		leichte körperliche Arbeit		schwere körperliche Arbeit	
		Grundumsatz	Grundumsatz	Tischspiele	Lesen	Schule	Büro	Gymnastik	Hausfrau	Ballspielen	Handwerker
		Kinder	Erwachsene	Kinder	Erwachsene	Kinder	Erwachsene	Kinder	Erwachsene	Kinder	Erwachsene
Erforderlicher Energieverbrauch je Tag	kJ/d	5900	7500	8000	9700	8800	10500	10100	12600	11300	14700
Gesamtwärmeabgabe (einschließlich Verdunstung)	W	50–65	65–85	60–80	75–100	100–130	125–170	170–225	215–295	280–380	360–490
davon trockene Wärmeabgabe (Konvektion, Leitung und Strahlung)	W	35–45	50–65	45–60	60–75	70–95	95–130	120–160	165–220	200–275	280–370
Wasserdampfproduktion je Stunde	g/h	21–28	23–32	25–34	27–38	41–57	46–62	70–95	78–108	117–160	130–180
Sauerstoffbedarf je Stunde	l/h	9–12	12–16	10–14	14–19	17–24	24–32	30–41	40–51	50–68	65–90
ausgeatmetes Kohlendioxid je Stunde (Konzentration in der Luft 0,03–0,05 Vol.%)	l/h	7–10	10–13	9–12	12–16	15–20	19–26	25–34	32–43	46–56	55–75
Frischluftraten, erforderlich, wenn CO_2 max. 0,10 Vol.%	m³/h	12–17	17–21	15–20	20–26	25–33	32–42	42–57	55–72	70–93	90–130
Schwülegrenze bei angegebenen Raumluft-Temperaturen	°C	28		26		24		21,5		19,5	
Gleichgewicht = Behaglichkeit	°C	24		22		20,5		19		17	
Grenze des Kühleempfindens	°C	18		17		16		15,5		14,5	

15

Bild 4 zeigt, daß bei ϑ_i zwischen 20 und 22 °C eine Deckentemperatur 20 bis 34 °C als behaglich toleriert wird.

Aus Bild 5 geht hervor, daß bei ϑ_i = 20 °C die Fußbodentemperatur nicht größer als 26 °C sein darf, um als behaglich empfunden zu werden. Oberhalb dieser Temperatur können Fuß- und Unterschenkelbeschwerden mit Kreislaufstörungen auftreten. Diese Tatsache ist insbesondere für die Planung und Bemessung von Fußbodenheizungen von Bedeutung.

Bild 6 läßt erkennen, daß bei ϑ_i = 22 °C die relative Luftfeuchte zwischen 20 und 70% schwanken kann, um gerade noch als behaglich empfundene Raumklimaverhältnisse zu haben. Aus anderen hygienischen Gründen, wie Austrocknung der Schleimhäute und Schimmelpilzwachstum, sind Zielgrößen von 40 bis 60% relative Luftfeuchte zu empfehlen. Diese Werte liegen voll im behaglichen Bereich.

Bild 7 zeigt, daß bei ϑ_i zwischen 18 und 23 °C keine Luftbewegung erforderlich ist, um den Zustand der Behaglichkeit einzustellen.

Aus diesen Behaglichkeitsfeldern und nach [3] lassen sich für Wohnräume die in Tafel 2 zusammengestellten Grenzwerte und Bereiche für Behaglichkeitsfaktoren angeben. Den Berechnungen der k-Werte liegen eine Raumlufttemperatur von 22 °C, eine Außenlufttemperatur von –10 °C und ein Wärmeübergangskoeffizient auf der Raumseite von 8 W/m²K zugrunde.

Für sommerliche Klimaverhältnisse ist das Temperaturamplitudenverhältnis TAV ein Kennwert, der die Wirkung der Wärmespeicherfähigkeit von Außenbauteilen beurteilt. Ein kleines TAV, insbesondere von Dächern und Decken, wirkt sich günstig auf die Raumtemperatur im Sommer aus (siehe auch Kapitel 3.2).

1.1.2 Luftelektrische Felder

Die immer wieder emotionsgeladen hochgespielte Behauptung, Bewohner von Betonbauten würden durch die Abschirmung luftelektrischer Felder gesundheitlich beeinträchtigt, hat sich als nicht haltbar erwiesen. Unabhängig voneinander kamen deutsche und österreichische Forscher zu den Ergebnissen, daß natürliche luftelektrische Felder von allen Baustoffen wie Holz, Ziegel, Kalksandsteinen und Beton in gleichem Maße abgeschirmt werden. Zudem ist bis heute nicht geklärt, ob überhaupt und unter welchen Voraussetzungen das Wohlbefinden von Mensch und Tier durch natürliche luftelektrische Felder auf die Dauer beeinflußt wird. Der Einfluß luftelektrischer Felder auf die thermische Behaglichkeit wird daher auch in der einschlägigen wissenschaftlichen Literatur in die Gruppe der sekundären und vermuteten Faktoren eingestuft, siehe Bild 2.

1.1.3 „Atmende Wände"

Ein Atmen der raumumschließenden Bauteile zum Zweck des Luftaustauschs zwischen Raum- und Außenluft findet nicht statt. Ein solches Verhalten der

Tafel 2: Grenzwerte und Bereiche für thermische Behaglichkeit in Wohnräumen und Anforderungen an Außenbauteile [5]

	Einflußgröße für die Behaglichkeit		Jahreszeit	Grenzwerte Bereiche		k-Wert W/m²K	TAV 1
1	Raumlufttemperatur	ϑ_i	Winter Sommer	20 bis 22 $\leqq 25$	°C °C		
2	Mittlere Umschließungsflächen-Temperatur	$\vartheta_{i,m}$	Winter Sommer	$\geqq 17$ $\leqq 25$	°C °C	$\leqq 1,25$	$\leqq 0,15$
3	Temperaturdifferenz zwischen Raumluft und Bauteiloberfläche ($\vartheta_i = 21°C$)	$\Delta\vartheta$	Winter	$\leqq 3$	K	$\leqq 0,75$	
4	Temperaturdifferenz gegenüberliegender vertikaler Bauteile	$\Delta\vartheta$	W Winter F	$\leqq 5$ $\leqq 10$	K K	$\leqq 1,25$ $\leqq 2,50$	
5	Temperaturdifferenz zwischen Decke und Fußboden	$\Delta\vartheta$	Winter	$\leqq 3$	K	$\leqq 0,75$	
6	Temperatur der Fußbodenoberfläche	$\vartheta_{i,o}$	Winter Sommer	17 bis 26 $\leqq 26$	°C °C	$\leqq 1,25$	$\leqq 0,15$
7	Temperatur der Deckenoberfläche	$\vartheta_{i,o}$	Winter Sommer	17 bis 34 $\leqq 34$	°C °C	$\leqq 1,25$	$\leqq 0,10$
8	Wärmestromdichte	q	Winter	$\leqq 40$	W/m²	$\leqq 1,25$	
9	Relative Feuchte der Raumluft	φ_i	Winter Sommer	40 bis 60 40 bis 60	% %		
10	Luftbewegung in Körpernähe	V_L	Winter Sommer	$\leqq 0,15$ $\leqq 0,30$	m/s m/s		

17

Bauteile wäre auch unerwünscht, da hierdurch ein unkontrollierter Wärmeverlust eintreten würde und die Luftschalldämmung unzureichend wäre. Trotzdem wird immer wieder von „Atmungsaktivität" oder „Atmungsfähigkeit" gesprochen, als einer besonders günstigen Eigenschaft von Bauteilen im Hinblick auf die Verbesserung der Luftqualität im Raum. Wenn damit aber Diffusions-Vorgänge gemeint sein sollten, so sind diese vernachlässigbar gering gegenüber dem Luftaustausch durch Lüftung. Poröse dampfdurchlässige Baustoffe erfordern im Querschnitt mehrschichtiger Konstruktionen besondere konstruktive Maßnahmen, um Tauwasserniederschlag und eine Durchfeuchtung der Bauteile zu vermeiden und ein hygienisch unbedenkliches Bewohnen zu ermöglichen.

Künzel [6] stellt folgenden Vergleich an:

Die Entfeuchtungswirkung sowohl durch Dampfdiffusion als auch infolge des Luftwechsels nimmt mit sinkender Außenlufttemperatur zu. Ein Vergleich über die Wirksamkeit der beiden Effekte (Dampfdiffusion und Luftwechsel) wird unter folgenden Annahmen durchgeführt:

Raum (4 m × 6 m × 2,6 m) mit zwei Außenwänden, bestehend aus 24 cm Hochlochziegelmauerwerk (Diffusionswiderstandszahl μ = 10) mit Außen- und Innenputz.

Fensterfläche:	*6 m²*
Luftwechsel:	*einfach*
Raumlufttemperatur:	*22 °C*
Raumluftfeuchte:	*40% r. F.*
Außenluftfeuchte:	*80% r. F.*

Unter diesen Gegebenheiten werden – abhängig von der Außenlufttemperatur – folgende Feuchtigkeitsmengen aus dem Raum abgeführt:

Außen-lufttemperatur °C	Aus dem Raum abgeführte Feuchtigkeitsmenge [g/h] durch Dampfdiffusion durch die Außenwand	durch Luftwechsel (einfach)
–20	*5,5*	*436*
–10	*4,8*	*378*
0	*3,2*	*242*
10	*0,4*	*15*

Die durch Diffusion transportierte Feuchtigkeitsmenge beträgt somit bei winterlichen Außentemperaturen nur 1–3% der durch Luftwechsel abgeführten Menge. Dabei wurden bei der Berechnung für den Diffusionseffekt günstige Verhältnisse zugrunde gelegt, nämlich zwei Außenwände und relativ dampfdurchlässiges Ziegelmauerwerk. In anderen Fällen kann der Diffusionsanteil noch geringer sein. Die Folgerung aus dieser Betrachtung ist, daß hin-

sichtlich einer Feuchtigkeitsabfuhr aus Räumen auf die Wirkung der Dampf-diffusion durch Außenbauteile hindurch völlig verzichtet werden kann. Die Verhältnisse der Raumluftfeuchtigkeit werden durch die Dampfdurchlässigkeit der Außenwände nicht merklich beeinflußt.

Auch haufwerksporiger Leichtbeton, Leichtbeton-Mauerwerk und Poren-beton haben eine Diffusionswiderstandszahl in der Größenordnung von $\mu = 10$.

1.1.4 Radioaktivität

Unter Radioaktivität wird der Zerfall des Atomkerns eines radioaktiven Elementes (Radionuklid) verstanden. Die Aktivität eines Radionuklids ist die Anzahl der Zerfälle je Zeiteinheit in Bq.

$$1 \text{ Bq (Becquerel)} = \frac{1 \text{ Zerfall}}{\text{Sekunde}} \, .$$

Alle natürlichen Gesteine und Erden enthalten geringe Mengen an Radium und Thorium, bei deren Zerfall das radioaktive Edelgas Radon entsteht. Daraus hergestellte Baustoffe senden also eine von den Rohstoffen bestimmte Strah-lung aus und geben geringe Mengen Radon an die Raumluft ab. Radonabgabe auf einer Bauteiloberfläche ist nicht nur vom Radium- und Thoriumgehalt der Baustoffe, sondern auch von seinem Porengefüge und dem praktischen Feuchtegehalt abhängig. Die Radonkonzentration in der Raumluft wird zudem sehr stark von der Lüftung beeinflußt [7]. Keller kommt in [8] zu folgender ab-schließenden Beurteilung: „Die Baustoffe tragen nur in geringem Maße zur Strahlenexposition der Hausbewohner bei. Die immer noch praktizierte Be-urteilung der Strahleneinwirkung von Baumaterialien hinsichtlich ihrer Kon-zentration an natürlich radioaktiven Stoffen ist auf Grund dieser Ergebnisse nicht mehr vertretbar. Baustoffe mit einem gegenüber den Mittelwerten leicht erhöhten Radionuklidgehalt (z. B. Bims- oder Schlackensteine) geben durch ihren Aufbau und ihre Struktur (abgeschmolzene „Glaskugeln") bedeutend weniger Radon ab als beispielsweise hochporöse Baustoffe mit einem viel geringeren Radionuklidgehalt. Da der Beitrag der üblichen Baustoffe zur gesamten Strahlenexposition in Häusern relativ gering ist, sollten die Bau-materialien – wenn überhaupt – lediglich bei Radon-Sanierungsmaßnahmen hinsichtlich ihrer abdichtenden Wirkung gegenüber der Radondiffusion be-urteilt werden."

Untersuchungen an bestehenden Häusern in der Bundesrepublik haben dar-über hinaus nachgewiesen, daß die Radon-Belastung von Innenräumen haupt-sächlich aus dem Erdboden kommt und nicht aus dem verwendeten Bau-material. Durch die Abschirmwirkung von Bodenplatten und Kellerwänden aus Beton haben entsprechende Häuser deutlich geringere Radon-Konzentra-tionen gezeigt als vergleichbare Altbauten mit Stampflehmboden und fugen-reichem Mauerwerk im Kellerbereich [9].

1.1.5 Schadstoffe in der Raumluft

Als Quellen für die Schadstoffbelastung in Wohnungen kommen unter anderem in Frage:

☐ Ausscheidungen des Menschen, vor allem Wasserdampf, Kohlendioxid, Gerüche, Krankheitskeime

☐ Waschen, Baden, Kochen, Zimmerpflanzen, also Wasserdampf und Gerüche

☐ Inhaltsstoffe von Putz-, Wasch- und Reinigungsmitteln

☐ Gase von Feuerstellen, wie Öfen, Herde und offene Kamine

☐ Gase von Baustoffen und Inneneinrichtungen, wie Holzschutzmittel, Formaldehyd oder Radon.

Je nach Nutzung der Räume und der Belegungsdichte bestimmt auch der Wasserdampfanfall den Mindestluftwechsel, um Tauwasserniederschlag an den Bauteiloberflächen zu vermeiden.

Dieser sowohl hygienisch als auch bauphysikalisch begründete Mindestluftwechsel ist abhängig von Temperatur, Feuchte und Schadstoffgehalt der Außenluft, das heißt, von der Differenz der absoluten Werte zwischen Zuluft und Abluft.

Tafel 3 zeigt, daß zur Abführung der gleichen Menge Wasserdampf die Luftwechselzahl mit steigenden Außentemperaturen zunimmt. Sie erreicht in der Übergangszeit (+10 °C) etwa den 2,5fachen Wert wie im Winter.

Für alle Schadstoffe gibt es Grenz- bzw. Schwellenwerte, die nicht überschritten werden dürfen, um gesundheitliche Risiken zu minimieren. In der Arbeitsmedizin gelten die sogenannten MAK-Werte (MAK = Maximale-Arbeitsplatz-Konzentration) bzw. die TRK-Werte (TRK = Technische-Richt-Konzentration).

Tafel 3: Luftwechselzahl nach dem Wasserdampfmaßstab bei unterschiedlicher absoluter Feuchte der Außenluft h

	Außenluft			Raumluft			Differenz	Luftwechselzahl
	ϑ_a	φ	h	ϑ_i	φ	h	Δh	β
	°C	%	g/m^3	°C	%	g/m^3	g/m^3	h^{-1}
1	−10	80	1,64	+22	50	9,26	7,62	0,5
2	± 0	80	3,70	+22	50	9,26	5,56	0,7
3	+10	70	6,27	+22	50	9,26	2,99	1,3

In der Wohnhygiene interessieren besonders die MIK-Werte (MIK = Maximale-Immissions-Konzentration). Diese sind natürlich immer niedriger als die MAK-Werte, da ihre Einwirkungszeit täglich mit 24 Stunden anzunehmen ist (Tafel 4).

Tafel 4: Schwellenwerte für einige Schadstoffe

Stoff	Arbeitsplatz (MAK, TRK) ppm	Wohnung ppm
Kohlendioxid	5000	1000
Formaldehyd	1	0,1
Pentachlorphenol	0,5	0
Tetrachlorkohlenstoff	10	?
Nicotin	0,07	?

1.1.6 Lärmeinwirkung

Zu den wichtigsten wohnmedizinischen Forderungen gehört der Schutz der Bewohner vor Lärm, um so das Recht und das Bedürfnis des Einzelnen auf Ruhe in seinem Wohnbereich zu sichern. Dabei ist der Schutz vor Außenlärm, insbesondere vor Verkehrsgeräuschen, ebenso zu beachten wie vor Innenlärm etwa durch Trampeln oder laute Musik im Haus.

Tafel 5: Grundlärmpegel in Wohnungen [12]

Raumart, Bereich	Empfohlene Lärmpegel	
	tags	nachts (22–7 h)
in Schlafräumen bei geöffneten Fenstern (unabhängig von Wohngebietseinteilungen)	30 dB (A)	25 dB (A)
in Wohnräumen	45 dB (A)	35 dB (A)
in Gärten, Balkone usw.	35 dB (A)	30 dB (A)

Aus wohnmedizinischer Sicht sollten die in Tafel 5 aufgeführten Grundlärmpegel in Räumen nicht überschritten werden.

Der Schallschutz der Außenbauteile muß also bewirken, daß die örtlichen Lärmpegel im jeweiligen Bebauungsgebiet auf den wohnmedizinisch empfohlenen Wert im Innenraum wenigstens bei geschlossenem Fenster vermindert werden.

1.1.7 Brandschutz

Bauliche Brandschutzmaßnahmen verringern die Brandgefahr und beugen vielfältigen Brandschäden vor. Richtig geplant erfüllen sie gleichzeitig drei Schutzziele: den Personen-, Sach- und Umweltschutz.

Als Maßnahmen stehen die Wahl nichtbrennbarer Baustoffe und der Einsatz von Bauteilen mit hohem Feuerwiderstand zur Verfügung. Hinzu kommen muß eine sinnvolle Unterteilung des Gebäudes in einzelne Brandabschnitte sowie das Einplanen notwendiger baulicher Maßnahmen zur Durchführung der Menschenrettung und Brandbekämpfung durch die Feuerwehr.

Neben diesen rein baulichen Maßnahmen gibt es noch baulich-betriebliche zur Verringerung der Brandgefahr, wie z. B. Rauchmelder, Sprinkleranlagen oder ähnliches. Grundsätzlich kommt dem vorbeugenden Brandschutz im Interesse der allgemeinen Sicherheit und aus volkswirtschaftlicher Vernunft eine große Bedeutung zu.

1.2 Energieverbrauch

Im Bauwesen gibt es zwei Bereiche, in denen Energie verbraucht wird, und zwar:

☐ bei der Herstellung von Baustoffen, Bauteilen und Gebäuden

☐ beim Betrieb der Bauten für Raumheizung und Klimatisierung

☐ bei Abbruch und Recycling.

1.2.1 Herstellung von Baustoffen

Der Energiebedarf zur Herstellung von Wohnhäusern (Summe des Primärenergieinhalts, PEI von Wänden, Decken, Dächern) beträgt nur etwa 3 bis 7% des Energiebedarfs zur Heizung des Gebäudes während seiner Nutzungsdauer (80 Jahre).

Dennoch gibt es große Unterschiede beim Energieverbrauch zur Herstellung vergleichbarer Baustoffe und Bauteile, wie die Beispiele in Tafel 6 belegen.

Bei den Mauersteinen weisen danach Bimsbetonsteine den niedrigsten PEI auf. Hier wurde die Energie für das Brennen des Zuschlags Bims von der Natur kostenlos geliefert.

Tafel 6: Primärenergieinhalt PEI von Baustoffen, Beispiele nach [13]

Baustoff	Rohdichte kg/m^3	PEI kWh/t	PEI kWh/m^3
Bimsbetonsteine	700	290	203
Kalksandsteine	1400	242	339
Blähtonbetonsteine	700	678	475
Porenbetonsteine	550	863	475
Leichtmauerziegel (porosiert mit Styropor)	800	681	545
Betondachsteine	2300	206	474
Dachziegel	2000	754	1508
Normalbeton B 25	2300	196	451

Der PEI von Normalbeton ist ebenfalls sehr niedrig, da auch hier die Zuschläge Kies und Sand ohne großen Energieaufwand aus natürlichen Lagerstätten gewonnen werden. Dies wirkt sich auch beim Vergleich zwischen Betondachsteinen und Dachziegeln aus.

1.2.2 Nutzung der Gebäude

Das ganze Gebäude einschließlich seiner Gestaltung, seiner technischen Ausstattung, seiner Plazierung in der Umgebung und seiner Orientierung zur Himmelsrichtung ist als komplettes System zu sehen, dessen Einzelteile aufeinander abgestimmt sein müssen. Wie vielseitig die Einflüsse auf den Energieverbrauch während der Nutzung eines Gebäudes sind und welche Maßnahmen zur Energieeinsparung sich daraus ableiten läßt Tafel 7 erkennen.

Tafel 7: Maßnahmen zur Einsparung von Energie im Winter und im Sommer, Hinweise für die Planung [5]

Grundlage	Maßnahme	Beispiele
Wärmeverluste im Winter verringern	Standortwahl	Windrichtung, Himmelsrichtung, Geländegestaltung, Baugrund, Grundwasserstand
	Kleinklima beachten	Schlagregen, Sonneneinfall, Verschattung, Wind, Kältesee, Nebel
	Ausrichtung des Gebäudes	Kleine Flächen nach Norden und zur Hauptwindrichtung
	Kompakte Gebäudeform wählen	Kleines Verhältnis von Außenflächen zu Volumen
	Grundrißgestaltung	Räume mit hohen Temperaturen nach Süden, Wohnräume
		Räume mit niederen Temperaturen nach Norden; Pufferzonen bilden; Abstell-, Vorratsräume
		Windfang vor Außentüren
	Wärmedämmung	Niedrige k-Werte der Außenbauteile
		Wärmebrücken vermeiden
		Kleine Fensterflächen zur Nord- und Windseite
		Temporärer Wärmeschutz der Fensterflächen durch Roll- und Klappläden
	Lüftung	Mindestluftwechsel einhalten
		Stoßlüftung über Fenster ermöglichen

Grundlage	Maßnahme	Beispiele
Wärme-verluste im Winter verringern	Lüftung	Fensterfugen möglichst dicht ausführen, Zufallslüftung vermeiden
		Lüftungseinrichtung einbauen, Kanäle, Schächte, Ventilatoren
		Wärmerückgewinnung vorsehen
Wärme-verluste ausgleichen	Heizung	Richtige Bemessung der Anlage
		Hoher Wirkungsgrad
		Temperaturabhängige Steuerung
		Nachtabsenkung
	Nutzung der Sonnen-energie passiv	Orientierung der großen Gebäudefläche nach Süden
		Wohnräume nach Süden
		Große Fensterflächen nach Süden
		Wärmespeichernde Innenbauteile vorsehen
		Betonwände hinter Glas als Wärmesammler
		Betonwände hinter lichtdurchlässigen Wärme-dämmschichten als Wärmesammler
	Nutzung der Sonnen-energie aktiv	Betonbauteile als Energieabsorber ausbilden (Massiv-Absorber-Heizsystem), Außenwände, Dächer, Gartenmauern, Garagen
		Innenbauteile als Energiespeicher ausbilden, Wände, Decken, Bodenplatten des Gebäudes
Vor Wärme schützen im Sommer	Sonneneinstrahlung vermindern	Außenbauteile durch Bepflanzung verschatten
		Dachüberstand vorsehen
		Fenster verschatten durch Roll- oder Klapp-läden, Markisen
	Temperaturdurch-gang vermindern	Kleines TAV insbesondere bei Dächern
	Wärmespeicherung	Wärmespeichernde Innenbauteile vorsehen
	Lüftung	Tags; Mindestluftwechsel
		Nachts; erhöhter Luftwechsel

2 Grundlagen

2.1 Wärmeschutz

Der Wärmeschutz im Hochbau soll den Nutzern der Gebäude ein hygienisch einwandfreies Wohnen und Arbeiten ermöglichen und den Bestand der Gebäude sichern. Der Energiebedarf für die Heizung im Winter und die Klimatisierung im Sommer ist zusammen mit den notwendigen Wärmeschutz- und Energiesparmaßnahmen wirtschaftlich zu optimieren.

2.1.1 Wärmedämmung

Für die Berechnung der Wärmedämmung von Bauteilen werden Rechenwerte der Wärmeleitfähigkeit λ_R verwendet. Sie sind von der Stoffart abhängig und liegen für zementgebundene Baustoffe zwischen 0,09 und 2,1 W/m K. Diese Werte berücksichtigen die Lufteinschlüsse in einem Stoff über seine Rohdichte und die üblicherweise in diesem Luftraum vorhandene Feuchte über den praktischen Feuchtegehalt. Darunter wird der Feuchtegehalt verstanden, der bei der Untersuchung genügend ausgetrockneter Wohnbauten in 90% der Fälle nicht überschritten wird (siehe Tafel 8). Die Wärmeleitfähigkeit von Mauerwerk berücksichtigt nicht nur die unterschiedliche Wärmeleitfähigkeit der Mauersteine, sondern auch die des Mauermörtels in den Lager- und Stoßfugen und den Fugenanteil. Weiter gehen in den Rechenwert der Wärmeleitfähigkeit übliche Schwankungen der Stoffwerte aus der Produktion und unvermeidbare Maßabweichungen bei der Ausführung der Baukonstruktion ein.

Für den Nachweis des Wärmeschutzes nach der Wärmeschutz-Verordnung dürfen nur Stoffwerte verwendet werden, die im Bundes-Anzeiger veröffentlicht wurden, dies sind:

☐ Rechenwerte der Wärmeleitfähigkeit, die in DIN 4108 Teil 4 bekanntgegeben wurden

☐ Rechenwerte der Wärmeleitfähigkeit, die in bauaufsichtlichen Bescheiden festgelegt sind

☐ Rechenwerte der Wärmeleitfähigkeit für Baustoffe und Bauteile, die durch bauaufsichtliche Zulassungen allgemein eingeführt sind.

Die Rechenwerte der Wärmeleitfähigkeit für Baustoffe mit bauaufsichtlichen Bescheiden und Zulassungen sind nur befristet gültig. Nach Ablauf der Frist muß ein neues Zulassungsverfahren durchgeführt werden.

Der Maßstab für die Wärmedämmung eines Bauteils oder einer Bauteilschicht ist ihr Wärmedurchlaßwiderstand. Er nimmt mit der Dicke einer Bauteilschicht zu und mit größer werdender Wärmeleitfähigkeit des Baustoffs ab.

Tafel 8: Praktischer Feuchtegehalt einiger Baustoffe nach DIN 4108

Spalte	1	2	3
		praktischer Feuchtegehalt	
Zeile	Baustoff	volumen-bezogen u_v %	masse-bezogen u_m %
1	Normalbeton mit geschlossenem Gefüge	5	–
2	Leichtbeton mit geschlossenem Gefüge	15	–
3	Leichtbeton mit haufwerksporigem Gefüge aus dichten Zuschlägen (DIN 4226 Teil 1) aus porigen Zuschlägen (DIN 4226 Teil 2)	5 4	– –
4	Porenbeton	3,5	–
5	Anorganische Stoffe in loser Schüttung (z. B. Blähton)	–	5
6	Schaumglas Mineralische Faserdämmstoffe Schaumkunststoffe Korkdämmstoffe Pflanzliche Faserdämmstoffe	0 – – – –	0 1,5 5 10 15

Beispiel: Einschichtiges Bauteil

Mauerwerk aus Bimsbeton-Vollblöcken S-W mit Leichtmauermörtel, Steinrohdichte 600 kg/m³, 30 cm dick

Wanddicke: s = 0,30 m
Wärmeleitfähigkeit: $\lambda_R = 0,18$ W/m K

Für den Wärmedurchlaßwiderstand $\dfrac{1}{\Lambda}$ gilt:

$$\frac{1}{\Lambda} = \frac{s}{\lambda_R} = \frac{0,30}{0,18} = 1,67 \text{ m}^2 \text{ K/W}$$

In der Regel erhalten Wände aus Mauerwerk einen Außen- und Innenputz. Die Wärmedurchlaßwiderstände dieser dünnen Schichten müssen dann noch addiert werden, um den Wärmedurchlaßwiderstand der funktionsfähigen Wand zu erhalten. Für beide Putzschichten zusammen beträgt der Wärmedurchlaßwiderstand 0,04 m² K/W, derjenige der gesamten Wand also 1,71 m² K/W.

Der Anteil der Putzschichten an der Wärmedämmung der Wand beträgt also nur 2,3%. Da übliche mineralische Putzschichten das bauphysikalische Verhalten von Wänden aus Mauerwerk nur unwesentlich beeinflussen, werden solche Wände bauphysikalisch auch zu den einschichtigen Konstruktionen gerechnet.

Der Wärmedurchlaßwiderstand $1/\Lambda$ heißt im internationalen Schrifttum Wärmeleitwiderstand mit dem Zeichen R_λ.

Wird außen ein Dämmputz aufgetragen oder besteht eine Bauteilschicht aus einem Wärmedämmstoff, kann nicht mehr von einer einschichtigen Wand gesprochen werden. Die Konzentration der Wärmedämmung auf diese Schicht beeinflußt den Wasserdampfstrom durch das Bauteil so stark, daß er genauer untersucht werden muß (siehe Abschnitt 2.2).

Beispiel: Mehrschichtiges Bauteil

Die mehrschichtige Wand hat von außen nach innen folgenden Schichtaufbau:

$s_1 \geq$ 7 cm Normalbeton: $\lambda_R = 2{,}1$ W/m K
$s_2 =$ 8 cm Hartschaumplatte: $\lambda_R = 0{,}035$ W/m K
$s_3 = 15$ cm Normalbeton: $\lambda_R = 2{,}1$ W/m K

Der Wärmedurchlaßwiderstand $\dfrac{1}{\Lambda}$ errechnet sich daraus zu:

$$\frac{1}{\Lambda} = \frac{s_1}{\lambda_1} + \frac{s_2}{\lambda_2} + \frac{s_3}{\lambda_3} = \frac{0{,}07}{2{,}10} + \frac{0{,}08}{0{,}035} + \frac{0{,}15}{2{,}10}$$
$$= 0{,}03 + 2{,}29 + 0{,}07 = 2{,}39 \text{ m}^2 \text{ K/W}$$

An der inneren, tragenden Normalbetonplatte wird die äußere Betonplatte mit Stahlankern aufgehängt. Diese Anker durchstoßen die Wärmedämmschicht, was ihre Dämmwirkung um 5 bis 15% vermindert, je nach Ausführung der Durchdringung. Wird dies berücksichtigt, ergibt sich ein Wärmedurchlaßwiderstand von

$$\frac{1}{\Lambda} = 0{,}03 + 0{,}85 \cdot 2{,}29 + 0{,}07 = 2{,}04 \text{ m}^2 \text{ K/W}$$

Der Anteil der beiden Betonschichten am gesamten Wärmedurchlaßwiderstand der Wand beträgt nur 2,1%. Es handelt sich aber hier im Gegensatz zum verputzten Mauerwerk bauphysikalisch um eine mehrschichtige Konstruktion. Von den Betonschichten werden wesentliche Funktionen der Wand übernommen, wie Tragfähigkeit, Brandverhalten, Schallschutz und Regenschutz.

In beiden Fällen gilt der berechnete Wärmedurchlaßwiderstand nur für eine ebene, unendlich große Wand. In der Wirklichkeit wird eine Außenwand aber durch Bauteile mit einem anderen Wärmedurchlaßwiderstand unterbrochen, wie Fenster, Unterzüge und Stürze, oder an Ecken abgewinkelt. In den Übergangsbereichen entstehen Störzonen, sogenannte konstruktiv oder geometrisch bedingte Wärmebrücken, die gesondert berücksichtigt werden müssen.

Tafel 9: Wärmeübergangskoeffizienten und Wärmeübergangswiderstände

Bauteil nach Bild 8	Zeile		Bauteile			α_i [1]	α_a	$\dfrac{1}{\alpha_i}$	$\dfrac{1}{\alpha_a}$	$\dfrac{1}{\alpha_i}+\dfrac{1}{\alpha_a}$
	Spalte		1			2	3	4	5	6
						Wärmeübergangs-koeffizient		Wärmeübergangs-widerstand		
						W/m²K		m²K/W		
A	1	1.1	Außenwände	allgemein, einschl. zweischaliges Mauerwerk mit Luftschicht		8	23	0,13	0,04	0,17
A	1	1.2	Außenwände	für kleinflächige Einzelbauteile (z. B. Pfeiler) bei Gebäuden mit einer Höhe des Erdgeschoß-fußbodens (1. Nutzgeschoß) ≤ 500 m über NN		8	23	0,13	0,04	0,17
B		1.3		mit hinterlüfteten Fassaden		8	12	0,13	0,08	0,21
C		1.4		an das Erdreich grenzend		8	∞	0,13	0	0,13
D	2	2.1	Wohnungstrenn-wände u. Wände zwischen fremden Arbeitsräumen	in nicht zentralbeheizten Gebäuden		8	8	0,13	0,13	0,26
D	2	2.2	Wohnungstrenn-wände u. Wände zwischen fremden Arbeitsräumen	in zentralbeheizten Gebäuden		8	8	0,13	0,13	0,26
	3		Treppenraumwände und Wände zu dauernd unbeheizten Räumen			8	8	0,13	0,13	0,26
E	4	4.1	Wohnungstrenn-decken u. Decken zwischen fremden Arbeitsräumen	allgemein, Wärmestrom von	unten nach oben	8	8	0,13	0,13	0,26
E	4	4.1	Wohnungstrenn-decken u. Decken zwischen fremden Arbeitsräumen	allgemein, Wärmestrom von	oben nach unten	6	6	0,17	0,17	0,34
E	4	4.2	Wohnungstrenn-decken u. Decken zwischen fremden Arbeitsräumen	in zentral-beheizten Bürogebäu-den, Wärme-strom von	unten nach oben	8	8	0,13	0,13	0,26
E	4	4.2	Wohnungstrenn-decken u. Decken zwischen fremden Arbeitsräumen	in zentral-beheizten Bürogebäu-den, Wärme-strom von	oben nach unten	6	6	0,17	0,17	0,34
F	5	5.1	Unterer Abschluß nicht unterkellerter Aufenthaltsräume	unmittelbar an das Erdreich grenzend		6	∞	0,17	0	0,17
–	5	5.2	Unterer Abschluß nicht unterkellerter Aufenthaltsräume	über einen nicht belüfteten Hohlraum an das Erdreich grenzend		6	6	0,17	0,17	0,34
G	6		Decken unter nicht ausgebauten Dachräumen			8	12	0,13	0,08	0,21
H	7		Kellerdecken und Decken zu dauernd unbeheizten Räumen			6	6	0,17	0,17	0,34
I	8	8.1	Decken, die Auf-enthalträume gegen die Außen-luft abgrenzen	nach unten, einschl. beheizter Garagen		6	23	0,17	0,04	0,21
K	8	8.2	Decken, die Auf-enthalträume gegen die Außen-luft abgrenzen	nach oben, einschl. Dächer und Decken unter Terrassen		8	23	0,13	0,04	0,17
–	8	8.3	Decken, die Auf-enthalträume gegen die Außen-luft abgrenzen	wie Zeile 8.1, aber hinterlüftet		6	12	0,17	0,08	0,25

[1] Bei der Überprüfung eines Bauteils auf Oberflächenkondensation oder innere Kondensation ist an der Innenseite in allen Fällen mit $\alpha_i = 6$ W/m² K zu rechnen.

28

2.1.2 Wärmeübergang

Zwischen Luft und Bauteiloberfläche findet ein Wärmeübergang statt. Dieser wird um so intensiver, je stärker die Luftbewegung an der Oberfläche und je größer die Temperaturdifferenz zwischen Luft und Bauteiloberfläche ist. Man unterscheidet Wärmeübergangskoeffizienten auf der Innen- und Außenseite der Bauteile. Der Kehrwert wird als Wärmeübergangswiderstand bezeichnet.

DIN 4108 gibt Wärmeübergangswiderstände an für die Berechnung des Wärmedurchgangs durch Bauteile. Es handelt sich dabei um Durchschnittswerte, die bei normaler Luftbewegung und Innentemperatur für geschlossene Räume auf der Innenseite gelten. Für die Außenseite entsprechen sie einer mittleren Luftgeschwindigkeit von 2 m/s. Tafel 9 enthält solche Werte in Abhängigkeit von der Lage der Bauteile im Gebäude. Bild 8 veranschaulicht die verschiedenen Möglichkeiten der Anordnung von Bauteilen im Hochbau.

Die Werte in Tafel 9 gelten für den Nachweis des Wärmeschutzes im Hochbau.

2.1.3 Wärmestrom

Niedrigen Außentemperaturen wird im Winter durch Raumheizung entgegengewirkt. Dadurch stellt sich ein Temperaturgefälle von der Raumluft zur Außenluft ein, und es „fließt" Wärme von innen nach außen ab. Dieser Wärmestrom ist um so geringer, je kleiner der Wärmedurchgangskoeffizient (k-Wert) des Bauteils ist. Der k-Wert wird aus dem Wärmedurchlaßwiderstand gebildet.

Beispiel: Einschichtiges Bauteil

Wärmedurchlaßwiderstand $\quad \dfrac{1}{\Lambda} = 1,71 \ m^2 \ K/W$

Wärmeübergangswiderstände
(nach Tafel 9, Zeile 1.1) $\quad \dfrac{1}{\alpha_i} + \dfrac{1}{\alpha_a} = 0,17 \ m^2 \ K/W$

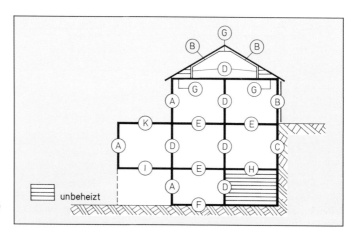

Bild 8: Lage der
Bauteile aus Tafel 9
im Gebäude

unbeheizt

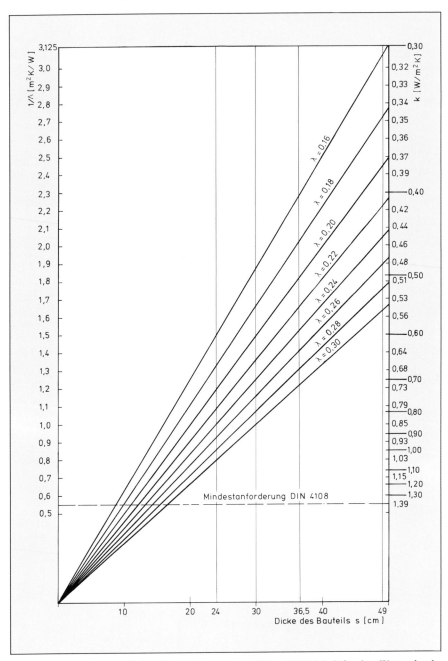

Bild 9: Zusammenhang zwischen dem Rechenwert der Wärmeleitfähigkeit λ_R, dem Wärmedurchlaßwiderstand $1/\Lambda$, dem Wärmedurchgangskoeffizienten k und der Dicke der einschichtigen Bauteile s

Wärmedurchgangswiderstand

$$\frac{1}{k} = \frac{1}{\alpha_i} + \frac{1}{\Lambda} + \frac{1}{\alpha_a} = 0,13 + 1,71 + 0,04 = 1,88 \ \text{m}^2 \ \text{K/W}$$

Wärmedurchgangskoeffizient oder k-Wert

$$k = \frac{1}{\dfrac{1}{\alpha_i} + \dfrac{1}{\Lambda} + \dfrac{1}{\alpha_a}} = \frac{1}{1,88} = 0,53 \ \text{W/m}^2 \ \text{K}$$

Den Zusammenhang zwischen den vier wichtigsten Einflußgrößen (Wärmeleitfähigkeit λ, Schichtdicke s, Wärmedurchlaßwiderstand $1/\Lambda$ und Wärmedurchgangskoeffizient k) auf den Wärmeschutz von Bauteilen zeigt Bild 9. Es können daraus folgende Aussagen abgeleitet werden:

Mit zunehmender Dicke der Bauteile bzw. der Bauteilschichten und sinkender Wärmeleitfähigkeit nimmt der Wärmedurchlaßwiderstand zu und der k-Wert ab.

Die Zunahme des Wärmedurchlaßwiderstandes verläuft linear, die Abnahme des k-Wertes dagegen degressiv. Was dies für die Energieeinsparung bedeutet, zeigt Bild 10.

Wird der Wärmedurchlaßwiderstand $1/\Lambda$ von 0,50 m² K/W um 0,50 auf 1,00 m² K/W erhöht, so verringert sich der k-Wert von 1,49 auf 0,85, also um 0,64 W/m² K.

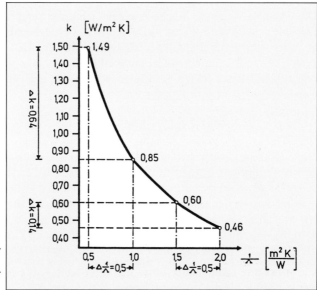

Bild 10: Wärmedurchlaßwiderstand und Wärmedurchgangskoeffizient für $\sum 1/\alpha = 0,17$ m² K/W

Die gleiche Verbesserung des Wärmedurchlaßwiderstandes um 0,50 von 1,50 auf 2,00 m² K/W verringert aber den k-Wert nur um 0,14, nämlich von 0,60 auf 0,46 W/m² K. Daraus folgt:

Die gleiche zusätzliche Wärmedämmung um 0,50 m² K/W – das entspricht 2 cm einer Wärmedämmschicht mit λ_R = 0,04 W/m K – führt bei Bauteilen mit einem niedrigen Wärmedurchlaßwiderstand zu einer höheren Energieeinsparung als bei Bauteilen, die bereits einen relativ hohen Wärmedurchlaßwiderstand haben.

Rechenwerte der Wärmeleitfähigkeit λ_R = 0,12 und 0,11 W/m² K für Mauerwerk aus Leichtbeton- beziehungsweise aus Porenbetonsteinen sind die niedrigsten zugelassenen Werte für Mauerwerk überhaupt. Für übliche Wanddicken ergeben sich daraus folgende k-Werte:

Wanddicke in cm	k-Wert in W/m² K	
24	0,45	0,42
30	0,37	0,34
36,5	0,31	0,29
49	0,23	0,21

Wände aus 49 cm dickem Mauerwerk werden auch in Zukunft nur in Ausnahmefällen angewendet werden. Die baupraktische Grenze von einschichtigem Mauerwerk mit raumabschließender und wärmedämmender Funktion liegt also bei einem k-Wert von etwa 0,30 W/m² K.

2.1.3.1 Einfluß von Wärmebrücken

Die wärmetauschende Fläche A eines Gebäudes setzt sich aus verschiedenen Bauteilen, wie Wand, Fenster, Dach und Kellerdecke zusammen, die alle einen anderen Wärmedurchgangskoeffizienten k haben. Der Mittelwert k_m für das ganze Gebäude oder einen Gebäudeteil kann aus den einzelnen k-Werten und den zugehörigen Flächen berechnet werden. So gilt für eine Außenwand aus massiver Wand W und Fenster F:

$$k_{m(W+F)} = \frac{k_W \cdot A_W + k_F \cdot A_F}{A_W + A_F}$$

Diese Rechnung setzt parallele Wärmestromlinien voraus und führt nur dann zu einem richtigen Ergebnis, wenn die k-Werte etwa gleich sind. Bei sehr unterschiedlichen k-Werten fließt im Grenzbereich der Bauteile zusätzlich Wärme aus dem besser gedämmten Bauteil über das weniger gut wärmegedämmte Bauteil ab. Diese Wärmebrückenwirkung ist schematisch in Bild 11 rechts dargestellt, sie erniedrigt die Oberflächentemperatur im Grenzbereich und erhöht die Gefahr des Tauwasserniederschlags auf der Raumseite.

Die wirksame Länge einer Störzone kann nach [14] berechnet werden; sie ist wenig größer als die doppelte Konstruktionsdicke.

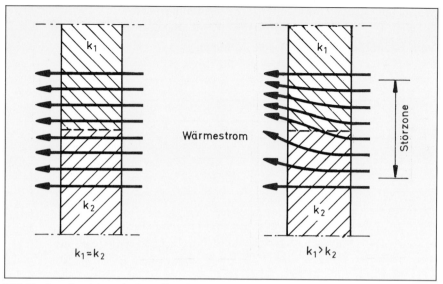

Bild 11: Grenzbereich zweier Bauteile; schematischer Querschnitt mit Verlauf des Wärmestromes

Typische Wärmebrücken sind Anschlüsse zwischen Decke und Wand, zwischen Fenster und Fensterlaibung, der Fenstersturz, der Rolladenkasten oder die Einbindung einer Innen- in eine Außenwand. Selbst wenn diese Wärmebrücken fachgerecht gedämmt werden, sind durch sie zusätzlich 5 bis 10% Wärmeverlust unvermeidbar. Werden die Wärmebrücken nicht fachgerecht ausgeführt, kann ihr zusätzlicher Wärmeverlust 20% und mehr betragen.

2.1.4 Heizwärmebedarf

Der Heizwärmebedarf eines Gebäudes ist generell abhängig von seiner Gebäudegeometrie. Dies kommt in dem Verhältnis der wärmetauschenden Fläche A zum dadurch umschlossenen Volumen V zum Ausdruck. Große kompakte Gebäude haben ein niedriges Verhältnis A/V (Wohnblocks). Kleine Gebäude mit aufgelösten und gegliederten Formen weisen einen hohen A/V-Wert auf (freistehende Einfamilienhäuser).

Der A/V-Wert berücksichtigt also die Gebäudeform; er wird daher auch Formfaktor genannt. Welchen Einfluß die Gebäudegeometrie auf den Wärmeverlust eines Gebäudes hat, sollen zwei Beispiele erläutern:

Beispiel 1:

Langgestreckter eingeschossiger Baukörper

Drei einstöckige Gebäude von je 12 m Breite, 10 m Tiefe und 3 m Höhe werden aneinandergereiht.

Wärmetauschende Umfassungsfläche des Baukörpers A:
$$A = 2\ (36 \cdot 10) + 2\ (36 \cdot 3) + 2\ (10 \cdot 3) = 996\ m^2$$

Vom Baukörper eingeschlossenes Volumen V:
$$V = 36 \cdot 10 \cdot 3 = 1080\ m^3$$

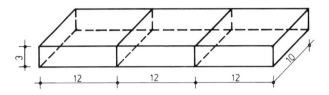

Verhältnis A/V:
$$A/V = 996 : 1080 = 0,92\ m^{-1}$$
$$Q_{H,max} = 13,82 + 17,32 \cdot 0,92 = 29,75\ kWh/m^3 \cdot a$$

Beispiel 2:

Kompakter dreigeschossiger Baukörper

Werden die gleichen Gebäudeeinheiten von 12 m Breite, 10 m Tiefe und 3 m Höhe übereinander angeordnet, entsteht bei gleicher Nutzfläche und gleichem Volumen ein anderer Baukörper mit geringerer Umfassungsfläche. Deshalb werden die Anforderungen an den Wärmeschutz in der Wärmeschutzverordnung auch in Abhängigkeit vom Verhältnis A/V gestellt (siehe Abschnitt 3.1.2).

Wärmetauschende Umfassungsfläche des Baukörpers A:
$$A = 2\ (12 \cdot 10) + 2\ (12 \cdot 9) + 2\ (10 \cdot 9) = 636\ m^2$$

Vom Baukörper eingeschlossenes Volumen V:
$$V = 12 \cdot 10 \cdot 9 = 1080\ m^3$$

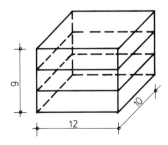

Verhältnis A/V:
$$A/V = 636 : 1080 = 0,59\ m^{-1}$$
$$Q_{H,max} = 13,82 + 17,32 \cdot 0,59 = 24,04\ kWh/m^3 \cdot a$$

Die wärmetauschenden Umfassungsflächen sind in Beispiel 2 um 36% kleiner. Entsprechend niedriger ist auch der Formfaktor. Je kleiner also der Quotient A/V, desto niedriger ist der spezifische Wärmeverlust eines Gebäudes, und umso geringer ist auch sein Heizwärmebedarf. Die Anforderungen an den Wärmeschutz von Gebäuden werden daher auch abhängig von ihrem Formfaktor gestellt.

Der Heizenergiebedarf Q_H eines Gebäudes ergibt sich aus der Bilanzierung der Wärmeverluste und der Wärmegewinne über den Zeitraum einer Heizperiode oder eines Kalenderjahres. Für eine solche Jahresbilanz gilt nach der Wärmeschutzverordnung folgender Zusammenhang:

$$Q_H = 0,9 \, (Q_T + Q_L) - Q_I - Q_S \; [kWh/a]$$

Darin bedeuten:

Q_T der Transmissionswärmebedarf, das heißt der vom Wärmedurchgang durch die Außenbauteile verursachte Anteil des Jahresheizwärmebedarfs,

Q_L der Lüftungswärmebedarf, das heißt der durch Erwärmung der gegen kalte Außenluft ausgetauschten Raumluft verursachte Anteil des Jahresheizwärmebedarfs,

Q_I die internen Wärmegewinne, das heißt die bei bestimmungsgemäßer Nutzung innerhalb eines Gebäudes auftretenden nutzbaren Wärmegewinne, z. B. aus Haushaltsgeräten, Beleuchtung oder der Wärmeabgabe des Menschen,

Q_S die solaren Wärmegewinne, das heißt die bei bestimmungsgemäßer Nutzung durch Sonneneinstrahlung nutzbaren Wärmegewinne.

Der Faktor 0,9 berücksichtigt, daß die Gebäude im allgemeinen weder zeitlich noch räumlich voll beheizt werden und daß gegebenenfalls Nachtabsenkungen durchgeführt werden.

2.1.4.1 Transmissionswärmebedarf

Der jährliche Transmissionswärmebedarf eines Gebäudes setzt sich aus den Verlusten der einzelnen Bauteile während eines Jahres zusammen. Es gilt die Beziehung:

$$Q_T = \Sigma \, (A \cdot k) \cdot (\Delta\vartheta \cdot t_H) \cdot 10^{-3} \; [kWh/a]$$

Der Transmissionswärmebedarf ist umso geringer, je kleiner die wärmetauschende Fläche A, je kleiner der k-Wert, je geringer die Temperaturdifferenz zwischen Innen- und Außenluft $\Delta\vartheta$ und je kürzer die Heizdauer t_H ist.

Das Produkt $(\Delta\vartheta \cdot t_H)$ aus der Temperaturdifferenz $\Delta\vartheta$ und der über die Jahre gemittelten Dauer der Heizperiode t_H in Tagen wird Heizgradtage genannt. Sie sind vom örtlichen Klima abhängig und außerdem vom Wärmedämmniveau des jeweiligen Gebäudes. Als Heiztage wurden bisher alle Tage des Jahres mit einer durchschnittlichen Außenlufttemperatur von kleiner als 15 °C gewertet

(Heizgrenztemperatur). Bei dem Wärmedämmniveau der jetzt gültigen Wärmeschutzverordnung liegt die Heizgrenztemperatur bei 12 °C. Die Zahl der Heizgradtage ist also geringer.

Nicht alle wärmetauschenden Bauteile eines Gebäudes grenzen an die Außenluft, wie erdberührende Bauteile, Kellerdecken oder die oberste Geschoßdecke gegen ein nicht ausgebautes Dachgeschoß. Durch die geringere Temperaturdifferenz wird der Transmissionswärmebedarf dieser Bauteilflächen verringert.

Alle diese Einflüsse können durch entsprechende Faktoren berücksichtigt werden. Sie sind aber standortabhängig und gebäudespezifisch. Soll die wärmetechnische Qualität von Gebäuden unabhängig von diesen Einflüssen verglichen werden, dann sind einheitliche Annahmen festzulegen. Deshalb wird in der Wärmeschutzverordnung Q_T einheitlich wie folgt berechnet:

$$Q_T = 84 \ (k_W \cdot A_W + k_F \cdot A_F + 0{,}8 \ k_D \cdot A_D \\ + 0{,}5 \ k_G \cdot A_G + k_{DL} \cdot A_{DL} + 0{,}5 \ k_{AB} \cdot A_{AB}) \ [\text{kWh/a}]$$

Dabei bedeuten die Indizes W = Außenwände, F = Fenster, D = Dach, G = Grundfläche, DL = Decken nach unten gegen Außenluft (Durchfahrten) und AB = abgrenzende Bauteilflächen zu angrenzenden Gebäudeteilen mit wesentlich niedrigeren Raumtemperaturen (außenliegende Treppenräume, Lagerräume).

Die Faktoren 0,8 und 0,5 berücksichtigen einheitlich die bauteilspezifischen Temperaturdifferenzen.

Mit dem Faktor 84 wird der Berechnung ein mittlerer klimatischer Gebäudestandort einheitlich für die ganze Bundesrepublik mit 3500 Heizgradtagen zugrundegelegt.

Werden diese 3500 Heizgradtage mit 24 Stunden multipliziert, ergeben sich 84 000 Heizgradstunden. Wird dann noch von Wattstunden auf Kilowattstunden umgerechnet, d. h. durch 1000 dividiert, ergibt sich der Faktor 84.

2.1.4.2 Lüftungswärmebedarf

Zur Berechnung des Lüftungswärmebedarfs Q_L gilt folgender Zusammenhang:

$$Q_L = \beta \cdot V_L \cdot (c \cdot \varrho)_L \cdot (\Delta\vartheta \cdot t_H) \cdot 10^{-3} \ [\text{kWh/a}]$$

Darin bedeuten:

β = Luftwechselzahl in 1/h

V_L = Luftvolumen der Räume in m³

$(c \cdot \varrho)_L$ = spezifische Wärmekapazität × Rohdichte der Luft

$(\Delta\vartheta \cdot t_H)$ = Heizgradstunden

10^{-3} = Umrechnungsfaktor von Wh in kWh

Auch hierfür werden in der Wärmeschutzverordnung einheitliche Durchschnittswerte angesetzt, um die Ergebnisse vergleichbar zu halten. Wesentliche nicht kontrollierbare Einflüsse auf den Lüftungswärmebedarf sind die unterschiedliche Luftdichtheit der Gebäudehüllflächen, der Standort mit seinen Windgeschwindigkeiten und vor allem das Lüftungsverhalten der Nutzer.

Werden in die Formel die Werte nach der Wärmeschutzverordnung eingesetzt, dann gilt

$$Q_L = 0,8 \cdot V_L \cdot 0,34 \cdot 84 = 22,85 \cdot V_L \ [kWh/a]$$

Zur Ermittlung des anrechenbaren Luftvolumens V_L gilt: $V_L = 0,8 \ V$

$V =$ das nach Außenmaßen ermittelte beheizte Gebäudevolumen.

Für Q_L gilt dann

$$Q_L = 18,28 \cdot V \ [kWh/a]$$

Werden Gebäude mit mechanisch betriebenen Lüftungsanlagen ohne und mit Wärmerückgewinnung ausgestattet, dann dürfen die Lüftungswärmeverluste um 5 beziehungsweise 20% verringert angesetzt werden.

2.1.4.3 Interne Wärmegewinne

Interne Wärmegewinne ergeben sich beim Kochen und Baden sowie durch die Wärmeabgabe von Haushaltgeräten, Bewohnern und Haustieren. Auch für die nutzbaren internen Wärmegewinne Q_I legt die Wärmeschutzverordnung einheitliche Werte fest, und zwar:

Für Wohngebäude $\qquad Q_I = 8 \ kWh/m^3 \cdot a$

Für Büro- und Verwaltungsgebäude $Q_I = 10 \ kWh/m^3 \cdot a$. Wird dieser höhere Wert angesetzt, dürfen Lüftungsanlagen nicht zusätzlich berücksichtigt werden.

2.1.4.4 Nutzbare solare Wärmegewinne

Die vielfältigen Möglichkeiten, Sonnenenergie für Heizzwecke zu nutzen, lassen sich nach [16] in drei Gruppen einordnen:

☐ Bei passiven Solarenergie-Systemen werden ausschließlich bauliche Mittel zur Solarenergienutzung verwendet. Es werden z. B. Fenster als Sonnenkollektoren und interne Gebäudemassen als Energiespeicher genutzt.

☐ Bei aktiven Solarenergie-Systemen werden apparative Systemteile, wie Sonnenkollektoren, oder Wärmepumpen eingesetzt. Das Beton-Absorber-Heizsystem gehört in diese Gruppe (siehe Bilder 13 und 14).

☐ Hybride Solarenergie-Systeme stellen Mischformen zwischen aktiven und passiven Systemen dar. Die Energieaufnahme erfolgt durch bauliche Mittel; Umwälzeinrichtungen für Wasser oder Luft übernehmen die Energieübertragung und -verteilung.

Nichttransparente Außenbauteile

Außenbauteile absorbieren die direkte und diffuse Sonnenstrahlung. Dadurch erwärmen sich zunächst die äußeren Bauteilschichten. Die Wärme wird ins Bauteilinnere geleitet. Dieser Vorgang vermindert den Wärmedurchgang durch das Außenbauteil. Sein wirksamer k-Wert wird also geringer.

Unter Annahme durchschnittlicher Klimabedingungen während der Heizperiode kann der solare Gewinn für Wände W und Dächer D durch einen Solargewinnfaktor ψ berücksichtigt werden. Für den äquivalenten k-Wert $k_{eq,W}$ oder $k_{eq,D}$ gilt dann folgende Beziehung:

$$k_{eq} = (1 - \psi) \cdot k$$

Der Solargewinnfaktor ψ hängt vom Strahlungsangebot und damit von der Orientierung der Bauteilflächen, ihrer Beschattung und von der Farbgebung der Außenoberfläche ab. Er ist nahezu unabhängig von der Wärmedämmung und der Wärmespeicherfähigkeit des Bauteils, denn mit einer besseren Wärmedämmung des Bauteils werden sowohl der nach außen gerichtete Transmissionswärmestrom als auch der nach innen gerichtete, solar bewirkte Wärmestrom reduziert. Die prozentuale Verminderung des k-Wertes bleibt also nahezu gleich.

Tafel 10 enthält Solargewinnfaktoren für übliche Außenwände und Dächer. Deutlich wird, daß die passive Sonnenenergienutzung dabei relativ gering ist. Für durchschnittliche Klimaverhältnisse reduziert sich der k-Wert eines Außenbauteils durch den Strahlungseinfluß nur um 2 bis 12%.

Dieser Prozentsatz ist deshalb so gering, weil die absorbierte Strahlungsenergie nicht in den Raum geleitet, sondern zum größten Teil an die kalte Außenluft abgeführt wird.

Tafel 10: Solargewinnfaktoren für übliche Außenwände, Kollektorwände und Dächer unter hiesigen Klimabedingungen nach [17]

Orientierung	ψ_W-Werte für Wände		
	übliche Außenwand		Kollektorwand Transluzenz T = 0,5
	Farbe hell	Farbe dunkel	
Süd	0,04	0,12	1,14
Ost, West	0,03	0,07	0,93
Nord	0,02	0,06	0,85
	ψ_D-Werte für Dächer		
allgemein	0,07		
horizontal	0,12		

Transluzente Wärmedämmschichten

Eine deutliche Verbesserung der Sonnenenergienutzung ist dadurch zu erzielen, daß auf der Bauteilaußenseite lichtdurchlässige Dämmschichten aufgebracht werden (siehe Bild 12). Die Strahlungsabsorption findet auf der Trennschicht zwischen Wärmedämmschicht und tragender Bauteilschicht statt. Die freiwerdende Wärme wandert überwiegend nach innen und erhöht den Energiegewinn für den Raum.

Auf diese Weise erreicht der Solargewinnfaktor ψ_w für Wände mit transparenter Außendämmung sehr hohe Werte. Bei Südorientierung dieser Kollektorwand ist bei einer hohen Lichtdurchlässigkeit der Dämmschicht sogar mit Solargewinnfaktoren höher als 1 zu rechnen (Tafel 10). Die Außenwand erreicht damit negative k-Werte und wird so über die Heizperiode gesehen von einer Energieverlust- zu einer Energiegewinnfläche.

Fensterflächen

Auch die Heizperioden-Wärmebilanz von Fenstern, bei der die Sonnenenergiegewinne berücksichtigt werden, kann durch einen äquivalenten k-Wert, $k_{eq,F}$, beschrieben werden:

$$k_{eq,F} = k_F - g \cdot S_F \ [W/m^2K]$$

Darin bedeuten:

k_F = Wärmedurchgangskoeffizient des Fensters

g = Gesamtenergiedurchlaßgrad der Verglasung

S_F = Koeffizient für solare Wärmegewinne

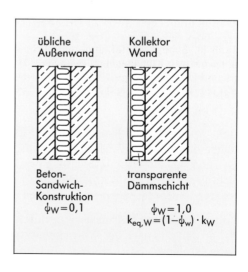

Bild 12: Außenwände aus Beton mit Angabe mittlerer Solargewinnfaktoren [17]

Je nach der Orientierung der Fenster zur Himmelsrichtung gelten nach der Wärmeschutzverordnung folgende Rechenwerte für S_F:

für Südorientierung $\quad S_F = 2,40 \ W/m^2K$,

für Ost und West $\quad\quad S_F = 1,65 \ W/m^2K$,

für Nordorientierung $S_F = 0,95 \ W/m^2K$.

Wie sich Fensterflächenanteile und ihre Orientierung zur Himmelsrichtung auf den äquivalenten k-Wert von Fenstern auswirken, zeigt folgendes Berechnungsbeispiel.

Ein Einfamilienhaus soll die Fensterflächenanteile zu 10% nach Norden, zu je 10% nach Westen und nach Osten sowie zu 70% nach Süden orientiert haben. Es werden Fenster mit k-Werten von 1,7 W/m^2K und Gesamtenergiedurchlaßgraden von g = 0,65 gewählt. Dann errechnet sich ein mittlerer äquivalenter k-Wert für die Fenster von

$$
\begin{array}{lll}
N & = (1,7 - 0,65 \cdot 0,95) \cdot 0,1 = 0,11 \\
W,O & = (1,7 - 0,65 \cdot 1,65) \cdot 0,2 = 0,13 \\
S & = (1,7 - 0,65 \cdot 2,40) \cdot 0,7 = 0,10 \\
\hline
k_{m,eq,F} & \quad\quad\quad\quad\quad\quad\quad = 0,34 \ W/m^2K
\end{array}
$$

Wird dieses Haus um 90° gedreht, ergibt sich eine Verteilung der Fensterflächen nach Himmelsrichtungen zu 10% nach Norden, zu 80% nach Westen und Osten sowie zu 10% nach Süden. Daraus errechnet sich ein mittlerer äquivalenter k-Wert zu 0,62 W/m^2K.

Bei einer weiteren Drehung des Hauses um 90° ergibt sich eine Verteilung der Fensterflächen nach Himmelsrichtungen zu 70% nach Norden, zu 20% nach Westen und Osten sowie zu 10% nach Süden. Der mittlere äquivalente k-Wert errechnet sich dann zu 0,91 W/m^2K.

Die Orientierung der Fensterflächen zur Himmelsrichtung in diesem Beispiel und die mittleren äquivalenten k-Werte der gesamten Fensterflächen sind in Tafel 11 übersichtlich dargestellt.

Dieses Beispiel soll zeigen, daß die Orientierung der Fenster zur Himmelsrichtung einen wesentlichen Einfluß auf die solaren Wärmegewinne hat. Es ist daher wichtig, die Fenstergrößen, ihre wärmetechnische Qualität und ihre Orientierung zur Himmelsrichtung bereits bei der Gebäudeplanung zu berücksichtigen. Durch diese variablen solaren Wärmegewinne der Fenster lassen sich auch die Anforderungen an die übrigen Bauteile mehr oder weniger verringern.

Sollen die solaren Wärmegewinne durch die Fenster getrennt ermittelt werden, dann kann dies nach der Wärmeschutzverordnung über folgenden Zusammenhang erfolgen:

Tafel 11: Beispiel für den Einfluß der Fensterorientierung auf ihren mittleren äquivalenten k-Wert

Ausrichtung des Gebäudes nach den Himmelsrichtungen	Himmelsrichtungen	Anteil der Fensterflächen %	Mittlerer äquivalenter k-Wert W/m²K
10% ↑N / 10% ▢ 10% / 70%	N W, O S	10 20 70	0,34
10% / 10% ▢ 70% / 10%	N W, O S	10 80 10	0,62
70% / 10% ▢ 10% / 10%	N W, O S	70 20 10	0,91

$$Q_S = \sum_{i,j} 0,46 \, l_i \, g_i \, A_{F, j, i,} \qquad [kWh/a]$$

mit:

g = Gesamtenergiedurchlaßgrad der Verglasung

l = Strahlungsangebot
- für Nordorientierung $\quad$ l = 160 kWh/m²a
- für Ost-/Westorientierung $\quad$ l = 275 kWh/m²a
- für Südorientierung $\quad$ l = 400 kWh/m²a

Der Faktor 0,46 berücksichtigt die Verschattung mit 0,9, den Rahmenanteil der Fenster mit 0,7, den Ausnutzungsgrad und einen Abminderungsfaktor für den Energiedurchgang mit jeweils 0,85.

Beide Rechenverfahren führen zu den gleichen Ergebnissen.

Solare Wärmegewinne dürfen aber nur bis zu einem Fensterflächenanteil von ⅔ der Fassadenfläche berücksichtigt werden.

Glasvorbauten

Eine weitere Möglichkeit zur passiven Nutzung der Solarenergie sind geschlossene, nicht beheizte Glasvorbauten.

Hierfür gibt die Wärmeschutzverordnung Abminderungsfaktoren für die k-Werte der Bauteile zu den Glasvorbauten an, und zwar in Abhängigkeit von der wärmetechnischen Qualität der Verglasung:

Einfachverglasung 0,7
Isolier- und Doppelverglasung (Klarglas) 0,6
Wärmeschutzverglasung ($k_v \leq 2,0$ W/m²K) 0,5

Heizen mit Beton (Beton-Absorber)

Es klingt überraschend, daß ausgerechnet Beton als wesentlicher Teil eines Heizsystems Wärme für die Raumheizung liefern soll. Aber gerade die hohe Wärmeleit- und Wärmespeicherfähigkeit machen Normalbeton zum idealen

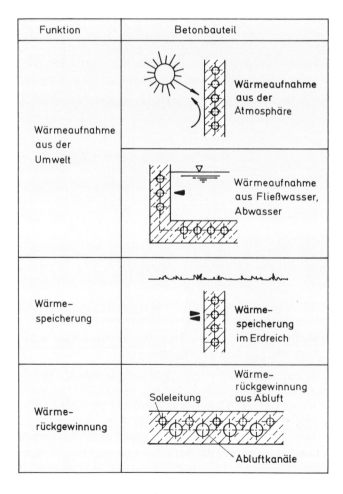

Bild 13: Überblick über die Einsatzmöglichkeiten flüssigkeitsdurchströmter Betonbauteile für die Energiesammlung und -speicherung [16]

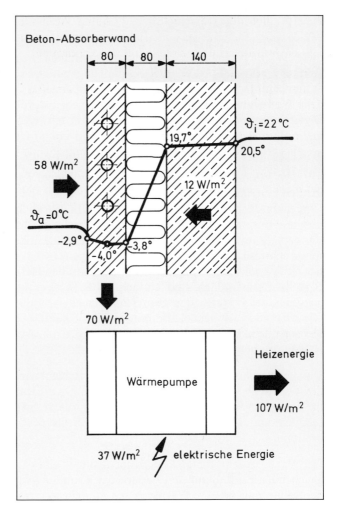

Bild 14: Temperaturen und Wärmeströme an einer Betonabsorber-Außenwand unter stationären Temperaturbedingungen und bei Vernachlässigung der Sonneneinstrahlung [16]

Baustoff für einen Umweltenergie-Absorber. Das sogenannte „Massiv-Absorber-Heizsystem" kommt ohne Zusatzheizung aus.

In Außenbauteile aus Beton, wie Außenwände, Balkonbrüstungen, Gartenmauern oder Garagenwände, werden Rohrleitungen eingebaut. Die darin zirkulierende Flüssigkeit wird auf der kalten Seite einer Wärmepumpe unter Umgebungstemperatur abgekühlt. Die Bauteile können dann Wärmeenergie aus der Umwelt (Luft, Regen, Sonne, Wind) aufnehmen. Die Wärmepumpe hebt die so gewonnene Energie auf ein für die Raumheizung nutzbares Temperaturniveau.

2.1.4.5 Wärmespeicherung

Um ein Bauteil zu erwärmen, ist eine bestimmte Wärmemenge erforderlich. Bis diese Wärmemenge vom Bauteil aufgenommen worden ist, vergeht eine gewisse Zeit, die Anheizzeit. Sinkt die Umgebungstemperatur unter die Bauteiltemperatur, so vergeht wieder eine Zeitspanne, bis die im Bauteil vorhandene Wärmemenge an die Umgebung abgegeben worden ist, die Auskühlzeit. Dieser Vorgang heißt Wärmespeicherung. Je schwerer ein Bauteil ist, um so mehr Wärmeenergie kann es speichern und um so länger dauert es, bis die gespeicherte Wärmemenge wieder auf die umgebende Luft übergegangen ist.

Mit dem Vorgang der Wärmespeicherung ist immer auch gleichzeitig Wärmeleitung innerhalb des Bauteils und Wärmeübergang zwischen Bauteil und Umgebungsluft verbunden. Die physikalische Wirklichkeit ist also sehr komplex und nur mit größerem Aufwand zu berechnen. Bei den üblichen Wärmeschutzberechnungen werden stationäre Bedingungen, das sind gleiche oder nur wenig schwankende Temperaturen, vorausgesetzt. Unter diesen Verhältnissen hat die Wärmespeicherung keinen Einfluß auf den Heizenergiebedarf, und die Berechnungsmethoden sind einfach. Müssen aber instationäre Wärmevorgänge wie der Wärmebedarf beim Anheizen oder der Einfluß der tagsüber stark schwankenden Sonneneinstrahlung auf das Raumklima im Sommer oder den Heizenergiebedarf berücksichtigt werden, ist die Wärmespeicherfähigkeit der Bauteile zu beachten.

Die speicherbare Wärmemenge einer Bauteilschicht wird durch ihre Masse und die spezifische Wärmekapazität beschrieben. Da die spezifische Wärmekapazität von anorganischen Baustoffen gleich groß ist, wird die Wärmespeicherfähigkeit vor allem durch die Masse der Bauteilschicht (Dicke und Rohdichte) bestimmt.

Die Wärmespeicherfähigkeit der Innenbauteile eines Gebäudes hat einen ausgleichenden Einfluß auf den Verlauf der Raumlufttemperatur. Wenn die von der Sonne eingebrachte Wärme in den Bauteilen gespeichert und erst dann an die Raumluft abgegeben wird, wenn außen bereits kühlere Temperaturen herrschen, entsteht im Sommer ein angenehmes, ausgeglichenes Raumklima. Im Winter ermöglicht die langsame Abkühlung von Bauteilen mit gutem Wärmespeichervermögen Betriebspausen der Heizanlage. Auch die Gefahr einer Wasserdampfkondensation an den Bauteiloberflächen während einer nächtlichen Betriebspause der Heizanlage (Nachtabsenkung) ist geringer als bei einer leichten Bauart. Schließlich kann auch die an sonnigen Wintertagen durch die Fenster einströmende Sonnenenergie zur Verminderung der Heizleistung besser genutzt werden, wenn speicherfähige Innenbauteile angeordnet werden.

Da bei unterbrochenem Heizbetrieb die Raumlufttemperatur bei einer leichten Bauart mehr abgesenkt wird, entsteht eine kleinere Temperaturdifferenz zwi-

Tafel 12: Spezifische Wärmekapazität c verschiedener Baustoffe

Spalte	1	2	3
Zeile	Stoff	spezifische Wärmekapazität kJ/kgK	Wh/kgK
1	Wasser	4,2	1,167
2	Holzwerkstoffe	2,1	0,584
3	Schaumkunststoffe	1,5	0,417
4	Pflanzliche Faserdämmstoffe	1,3	0,361
5	Anorganische Baustoffe Beton, Mörtel, Naturstein Luft	1,0	0,278
6	Aluminium	0,8	0,222
7	Stahl, Kupfer	0,4	0,111

schen Raum- und Außenluft. Die Heizenergieeinsparung während einer Heizpause ist deshalb bei einer leichten Bauart größer als bei einer schweren Bauart.

Der Energiegewinn durch Sonneneinstrahlung über die Fensterfläche ist von der Bauart des Raumes unabhängig. Die fehlende Wärmespeicherung bei einer leichten Bauart führt aber eher zu einer Überwärmung, die durch Lüftung oder durch Sonnenschutzvorrichtungen verhindert werden muß. Bei Massivbauweisen erwärmt sich die Raumluft infolge Sonneneinstrahlung nur langsam, da die Wärme in den Bauteilen gespeichert und bei sinkenden Raumtemperaturen wieder abgegeben wird. Hinsichtlich des Heizenergiebedarfs gleichen sich die beiden Effekte etwa aus.

Wärmespeichernde Innenbauteile tragen im Sommer und im Winter zu einem komfortablen, ausgeglichenen Raumklima bei, was bei Leichtbauweisen nur mit aufwendigen Klimaanlagen zu erreichen ist.

2.2 Feuchteschutz

Die Einwirkung von Feuchtigkeit – Wohn- und Baufeuchte, Kondensatbildung, Regen, Grundwasser – ist nach wie vor ein Problem beim Bauen. Sinn und Zweck aller Maßnahmen muß es sein, Feuchtigkeit jedweder Art fernzuhalten, vor allen Dingen, weil Feuchte- und Wärmeschutz unmittelbar zusammenhängen. Mangelhafter Feuchteschutz reduziert den Wärmeschutz. Schlechter Wärmeschutz führt zu Feuchtigkeitsschäden.

2.2.1 Feuchtetransport

Luft ist stets mit Wasserdampf angereichert. Bei einer bestimmten Temperatur ist die aufnehmbare Wasserdampfmenge begrenzt. Ist dieser sogenannte Sättigungsgehalt erreicht, wird bei weiterer Zuführung von Dampf ein Teil des Dampfes wieder zu Wasser kondensieren. Dieses Kondensat macht sich in Wohnräumen als Kondenswasser an Wänden, Decken und Fenstern bemerkbar. Die Temperatur, bei der dies geschieht, wird als Taupunkt der Luft bezeichnet.

Die Dampfmenge, die Luft aufnehmen kann, steigt mit der Temperatur. So kann z. B. Luft von $+20\,°C$ bis 17,3 g/m³ Wasserdampf, Luft von $-10\,°C$ jedoch nur 2,14 g/m³ aufnehmen. Die in der Luft enthaltene Feuchtigkeit in Form von unsichtbarem Wasserdampf wird entweder als absoluter Wert oder in Relation zum Sättigungsgehalt bei der jeweiligen Temperatur als sogenannte relative Luftfeuchte angegeben.

Tafel 13 zeigt, daß sich bei gleichem Wasserdampfgehalt von 2,1 g/m³ Luft in Abhängigkeit von der Lufttemperatur unterschiedliche Werte der relativen Luftfeuchte von 98 bzw. 12% ergeben. Bezieht man dieses Zahlenbeispiel auf die Praxis, z. B. einen naßkalten Wintertag, bedeutet das folgendes: Im Winter ist es durch Lüften nicht möglich, die relative Luftfeuchte bei gleichbleibender Raumtemperatur anzuheben. Der hohe Wert der relativen Luftfeuchte außen von 98% „trocknet" auf den niedrigen Wert von 12% im Rauminneren aus, ohne daß Feuchtigkeit verlorengeht.

2.2.1.1 Austrocknungsverhalten

Bei der Nutzung von Räumen entsteht Feuchtigkeit durch Feuchtigkeitsabgabe des Menschen, durch Kochen, Waschen, Baden usw. Diese sogenannte Wohnfeuchte beeinflußt unmittelbar das Raumklima und die Wohnhygiene. Im Gegensatz dazu ist die nur vorübergehend wirksame Baufeuchte zu sehen, die bei Bauten oder Baustoffen entsteht, zu deren Herstellung Wasser benötigt wird, und die Regenfeuchte, die durch bauliche Maßnahmen abgehalten werden muß.

Die Baufeuchte war in der Vergangenheit ein Problem vor allem wegen der früher dickeren Wände und der schlechteren Heizung. Allein das Mauerwerk

Tafel 13: Abhängigkeit zwischen Lufttemperatur, Wasserdampfgehalt und relativer Luftfeuchte

Lufttemperatur °C	Wasserdampfgehalt g/m³	Sättigungs- dampfmenge g/m³	rel. Luftfeuchte %
-10	2,1	2,14	98
$+20$	2,1	17,30	12

Tafel 14: Wassergehalt eines Betons für Außenbauteile B 25/KR, Zementgehalt 300 kg/m³ [18]

Zustand des Betons	Wassergehalt
Frischbeton	
freies Wasser	175 kg/m³
Festbeton – 28 Tage alt (bei 70% Hydratation)	
gebundenes Wasser	85 kg/m³
ausgetrocknet	25...45 kg/m³
freies Wasser	65...45 kg/m³
Festbeton – 3 bis 6 Monate alt (bei 90% Hydratation)	
gebundenes Wasser	105 kg/m³
ausgetrocknet	35...50 kg/m³
freies Wasser	35...20 kg/m³
DIN 4108 – Wärmeschutz	
praktischer Feuchtegehalt	50 kg/m³

aus kleinformatigen Steinen erforderte wesentlich mehr Mauermörtel als die heutigen großformatigen Steine.

Auch die Wasserzugabe bei der Herstellung von Beton führt nicht zu feuchten Bauteilen und einem ungesunden Raumklima. Der in der Wärmeschutznorm festgelegte praktische Feuchtegehalt von 5 Vol.-% wird noch während der Herstellung des Rohbaus erreicht (Tafel 14). Bei heutigen Bauten ist mit erhöhter Anfangsfeuchte nur noch bei Regeneinwirkung auf den Rohbau zu rechnen.

2.2.1.2 Wasserdampfsorption

Hygroskopische Stoffe – hierzu gehören alle Wandbaustoffe – sind bei üblichen Raumluftbedingungen nicht völlig trocken, sondern nehmen einen Feuchtigkeitsgehalt an, der vom relativen Feuchtegehalt der Umgebungsluft abhängt. Bei einer Feuchteänderung der Luft ändert sich daher auch der Feuchtigkeitsgehalt des Materials, das mit dieser in Berührung kommt.

Bauphysikalisch bedeutet dies folgendes: Zwischen dem Feuchtegehalt der Raumluft und im Raum befindlichen Gegenständen – z. B. Putz, Tapete, Holz, Textilien – stellt sich ein Gleichgewicht ein. Wird dieses z. B. dadurch gestört, daß der Raumluft Feuchtigkeit zugeführt wird, steigt der Feuchtegehalt der Oberflächenschichten der raumbegrenzenden Bauteile und der Gegenstände im Raum an. Umgekehrt wird bei sinkender Raumluftfeuchte von den Oberflächen Feuchtigkeit an die Raumluft abgegeben. Diese Ausgleichsvorgänge (Absorption und Desorption) werden zusammengefaßt als Sorption bezeichnet und vermindern Schwankungen der Raumluftfeuchte. Das ist für ein gleichmäßiges Raumklima erwünscht.

Die Eigenschaft der Wasserdampf-Absorption kann durch den „Wasserdampf-Absorptionskoeffizienten d (g/m²h^{0,5}) beschrieben werden. In Tafel 15 sind Beispiele für Wasserdampf-Absorptionskoeffizienten aufgeführt. Sie zeigen, daß übliche Innenputze unabhängig von der Art des Bindemittels ähnliche Sorptionseigenschaften aufweisen. Bei unbehandeltem Normalbeton nimmt der d-Wert mit zunehmender Festigkeit bzw. abnehmendem Wasser-Zement-Wert etwas ab. Durch Papier- oder Stofftapeten kann die Absorptionsfähigkeit erhöht werden.

Die Wasserdampfsorption ist für Räume mit größeren Oberflächen und einer geringen Feuchtigkeitsbeanspruchung, wie z. B. Wohn- oder Schlafräume, ohne Bedeutung. In kleineren Räumen mit vorübergehend höherem Feuchtigkeitsanfall, z. B. Küchen oder Bäder, sind in der Regel größere Flächen gefliest. Dadurch ist die Absorption gering. In diesen Fällen muß bei Erhöhung der Raumluftfeuchte gut gelüftet werden.

Tafel 15: Wasserdampf-Absorptionskoeffizienten, Ergebnisse von Untersuchungen (nach [19])

Material	Wasserdampf-Absorptionskoeffizient d g/m²h^{0,5}
Beton B 15	11
Beton B 25	9
Beton B 45	8
Kalkzementputz, Blech	13
Kalkzementputz, Beton B 15	10
Kalkzementputz, Leichtziegel	10
Kalkgipsputz, Blech	13
Kalkgipsputz, Beton B 15	13
Gipssandputz, Blech	11
Papiertapete, Beton B 15	12
Papiertapete, Leichtziegel	12
Dispersionsfarbe, Papiertapete, Beton B 15	11
Dispersionsfarbe, Papiertapete, Leichtziegel	11
Holz Fichte, Kiefer, Buche natur	20–25
Eiche natur	12
Eiche gewachst (Fußboden)	3
Textilien Vorhangstoffe aus natürlichen Fasern 0,15–0,3 kg/m²	5–15
Teppiche aus natürlichen Fasern	30–36
Teppiche aus synthetischen Fasern	15

Tafel 16: Wasserdampftransport durch die Außenwand des Wohnraumes in Bild 33 [18]

Situation:	$A_W = 38{,}6$ m^2 (77,2%) $A_F = 11{,}4$ m^2 (22,8%) Geschlossene Bebauung	
Klima:	Außen 0 °C/65% r. F. Innen 22 °C/40% r. F. Wenig Wind	
Ergebnis:	Wasserdampftransport durch Mauerwerk	7,4 g/h
	Fensterfugen	
	ohne	59,0 g/h
	mit Dichtung	3,9 g/h
	Fensterlüftung	
	Kippstellung	140 g/h
	ganz geöffnet	4540 g/h

Die vorgenannten Zusammenhänge beziehen sich ausschließlich auf die unmittelbaren Oberflächenschichten und nicht auf tieferliegende Wandschichten. Es ist daher zur Erhaltung des Wasserdampf-Haushaltes nicht erforderlich, daß z. B. Außenwände für Wasserdampf durchlässig sein müssen. Durch Lüften ist ein Feuchteausgleich zwischen der Raumluft und der Außenluft in ausreichendem Maße möglich (Tafel 16, siehe auch Kapitel 1.1.3).

2.2.1.3 Tauwasserbildung auf Oberflächen von Bauteilen

Liegt bei Bauteilen die Oberflächentemperatur auf der Innenseite unter der Taupunkttemperatur der Raumluft, so tritt auf diesen Flächen Tauwasser auf, vorwiegend an den kältesten Bauteilen, wie z. B. Fenstern. Da die Temperatur an der inneren Bauteiloberfläche von der Wärmedämmung und der Lufttemperatur abhängt, ist auch die Tauwasserbildung auf Bauteiloberflächen ausschließlich eine Frage ausreichender Wärmedämmung.

Die Mindestwerte des Wärmedurchlaßwiderstandes nach Tafel 38 sind so festgelegt, daß bei üblichen Raumlufttemperaturen und Werten der relativen Luftfeuchte und bei entsprechender Heizung und Lüftung Schäden durch Tauwasserbildung vermieden werden.

Gefährdete Bauteile oder Räume im Hinblick auf die Tauwasserbildung auf der Bauteiloberfläche sind:

1. Außenbauteile mit ungenügend bemessener Wärmedämmung in dauernd beheizten Räumen.

2. Außenbauteile mit ausreichend bemessener Wärmedämmung beim Aufheizen von Räumen, da die Lufttemperatur im Raum schneller ansteigt als die Oberflächentemperatur dieser Bauteile. Dabei kann es vorkommen, daß kurz-

fristig die Temperatur der Außenbauteile unter der Taupunkttemperatur der Raumluft liegt.

3. Räume mit sehr hoher Luftfeuchte, wie z. B. Küchen, Bäder. Hier kann neben einer erhöhten Wärmedämmung nur eine gute Lüftung helfen.

Die Berechnung des höchstzulässigen Wärmedurchgangskoeffizienten k zur Verhinderung von Tauwasserbildung auf der Bauteiloberfläche kann nach folgender Gleichung erfolgen:

$$\text{zul } k = \frac{\alpha_i(\vartheta_i - \vartheta_s)}{\Delta\vartheta}$$

Beispiel: Bei einer Raumlufttemperatur ϑ_i von $+20\,°C$ und 50% r. F. ergibt sich eine Taupunkttemperatur ϑ_s von $+9,3\,°C$ (Tafel 80). Nimmt man eine Außenlufttemperatur ϑ_a von $-15\,°C$ an und einen inneren Wärmeübergangskoeffizienten α_i von 6 W/m² K, so wird der zulässige k-Wert, um Tauwasserbildung auf der Bauteiloberfläche zu vermeiden:

$$\text{zul } k = \frac{6 \cdot (20-9.3)}{35} = 1,83 \text{ W/m}^2 \text{ K}$$

Dieser Wert liegt deutlich über dem für Außenwände zulässigen k-Wert nach DIN 4108 von 1,39 W/m² K. In kritischen Fällen – z. B. hinter Einbauwänden, in Raumecken vor allem bei Flachdächern – kann es unter Umständen sinnvoll sein, einen niedrigeren inneren Wärmeübergangskoeffizienten in die Gleichung einzusetzen.

2.2.1.4 Wasserdampfdiffusion

Herrscht auf beiden Seiten eines Bauteils ein unterschiedlicher Wasserdampfgehalt – abhängig von Temperatur und Luftfeuchte – so liegen auch zu beiden Seiten des Bauteils verschiedene Teildrücke des Wasserdampfes vor. Unter diesem Druckunterschied hat der Wasserdampf das Bestreben, von der Seite des höheren Druckes – warme Seite – zur Seite des niederen Druckes – kalte Seite – zu wandern. Diese Bewegung nennt man Diffusion. Bei ungünstigen Verhältnissen, z. B. bei sehr hoher Luftfeuchte im Raum oder bei physikalisch unzweckmäßigem Aufbau von mehrschichtigen Wänden, kann der Dampf innerhalb der Konstruktion kondensieren und sich dort als Feuchtigkeit niederschlagen. Tritt diese Kondensation nur kurzfristig auf, sind keine Schäden zu erwarten. Wird die Wasserdampfkondensation jedoch zum Dauerzustand, wird die Wärmedämmung herabgesetzt, und Schäden können die Folge sein.

Die Berechnung der Wasserdampfdiffusion erfolgt nach Diagramm und Formeln von H. Glaser. Dabei läßt sich der Diffusionsvorgang vereinfacht mit dem Durchgang der Wärme durch eine Konstruktion vergleichen (Bild 15).

Der Temperatur beim Wärmestrom entspricht der Wasserdampfteildruck bei der Dampfdiffusion, der Wärmeleitfähigkeit λ, der Dampfdiffusionsleitkoef-

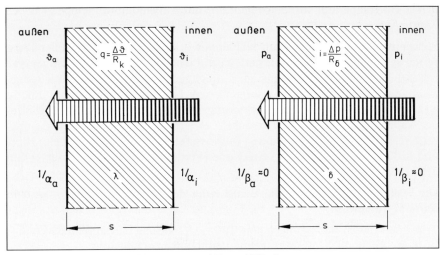

Bild 15: Analogie zwischen Wärmestrom und Dampfdiffusion

fizient δ und dem Wärmedurchgangswiderstand R_k der Wasserdampfdurchlaßwiderstand R_δ. Dabei wurden die Werte der Dampfübergangswiderstände $1/\beta$ wegen ihrer Kleinheit vernachlässigt. Die Dampfleitfähigkeit ist von der Temperatur abhängig. Für die rechnerische Behandlung des Dampfdurchgangs durch Bauteile wird als Baustoffkennwert noch die Diffusionswiderstandszahl μ benötigt. μ ist eine dimensionslose Verhältniszahl, die angibt, um wieviel größer der Widerstand eines Baustoffes gegen Dampfdurchtritt ist als der einer Luftschicht gleicher Dicke.

$$R_\delta = \frac{s}{\delta} = \mu \cdot s \cdot N$$

Die Meßgenauigkeit der μ-Werte ist begrenzt. Es werden deshalb Rechenwerte μ_R festgelegt, die auch die Streuungen der Baustoffeigenschaften abdecken. In den Tafeln 8 bis 10 sind Grenzwerte angegeben. Der für die Schichtfolge ungünstigere Wert ist bei der Berechnung des Dampfdurchgangs einzusetzen. Die Abhängigkeit des μ-Wertes von der Temperatur berücksichtigt der Beiwert N (Tafel 79).

In die Berechnung der Wasserdampfdiffusion durch Bauteile geht neben der Temperatur auch die relative Feuchte (r.F.) von Raum- und Außenluft ein. Die Winter-Bedingungen für die Raumluft von Aufenthaltsräumen festzulegen ist nicht schwierig. Die Heizung wird so gesteuert, daß die Temperatur etwa bei +20 °C bleibt; die relative Feuchte stellt sich dann – ohne besondere Maßnahmen zur Befeuchtung – etwa bei 50% ein. Für die Diffusionsberechnung wird deshalb bei Aufenthaltsräumen während der kritischen Frostperiode +20 °C und 50% r.F. für die Raumluft angenommen. Während der sommerlichen Trockenperiode wird auch im Raum das Außenklima angesetzt (+12 °C, 70% r. F.).

Schwieriger ist es, entsprechende Annahmen für das schwankende Außenklima festzulegen. Neben Temperatur und Feuchtigkeit spielt auch die Zeitdauer eine wesentliche Rolle, in der ungünstige Bedingungen möglicherweise zur Kondensation des Wasserdampfes im Bauteil führen. Um die Rechnung nicht unnötig zu erschweren, wird eine Schematisierung des wirklichen Temperaturverlaufes der Außenluft notwendig. Die Vorschrift zerlegt den wirklichen Jahres-Temperaturverlauf in eine Frostperiode (Tauwasserbildung) von 1440 h bei −10 °C und 80% r. F. und eine Trockenperiode (Verdunstung des Kondensates) von 2160 h bei +12 °C und 70% r. F.

Die Randbedingungen für die Berechnung des Dampfdurchganges sind in Tafel 17 aufgeführt.

Tritt unter diesen Bedingungen eine Tauwasserbildung im Bauteilinneren auf, ist diese unschädlich, wenn folgende Bedingungen erfüllt sind:

1. Das während der Frostperiode im Inneren des Bauteils rechnerisch anfallende Wasser muß während der Trockenperiode wieder an die Umgebung abgegeben werden können.

2. Baustoffe, die mit dem Tauwasser in Berührung kommen, dürfen nicht geschädigt werden (z. B. durch Korrosion, Pilzbefall).

3. Die rechnerische Tauwassermenge darf an der Grenzfläche zwischen zwei Schichten 1000 g/m² nicht überschreiten. An Berührungsflächen von kapillar

Tafel 17: Randbedingungen für die Berechnung des Dampfdurchganges nach DIN 4108, Teil 3

1	2	3	4	5
	Außenluft		Raumluft	
	Temperatur	rel. Feuchte	Temperatur	rel. Feuchte
	°C	%	°C	%
1. Frostperiode, Zeitdauer 1440 h (60 Tage)	−10	80	+20	50
2. Trockenperiode, Zeitdauer 2160 h (90 Tage)				
Wände, Decken	+12	70	+12	70
Dächer	+20	70	+12	70

Tafel 18: Zusätzlicher Feuchtigkeitsgehalt, der die Wärmeleitfähigkeit um 10% vergrößert

1		2
Stoff		Feuchtigkeitsgehalt u_v
		Vol-%
1. Schaumkunststoffe	20...50 kg/m³	1,2...3,1
2. Mineralische Faserdämmstoffe		0,6
3. Korkplatten		1,6
4. Holzwolle-Leichtbauplatten	400 kg/m³	4,0
5. Holzfaserdämmplatten	250 kg/m³	2,4
6. Polystyrol-Schaumstoff-Beton	200 kg/m³	0,8
	600 kg/m³	2,0
	1000 kg/m³	4,0
7. Porenbeton	500 kg/m³	3,3
8. Leichtbeton ohne Quarzsand		5,0
9. Leichtbeton mit Quarzsand		4,0

nicht wasseraufnahmefähigen Schichten – z. B. Faserdämmstoffe und Beton – darf die Tauwassermasse höchstens 500 g/m² betragen.

4. Der Mindestwärmeschutz nach DIN 4108 muß in jedem Fall eingehalten werden. Der massebezogene Feuchtegehalt darf sich nicht um mehr als 5%, bei Holzwerkstoffen nicht um mehr als 3% erhöhen. Um den Energieverlust in Grenzen zu halten, wird der Nachweis empfohlen, daß durch die Zunahme der volumenbezogene Feuchte u_v die Wärmeleitfähigkeit um höchstens 10% vergrößert wird (Tafel 18).

Die Beurteilung des Dampfdurchgangs durch eine Konstruktion kann zeichnerisch oder rechnerisch erfolgen. Bei beiden Verfahren muß zunächst der Temperaturverlauf innerhalb der Konstruktion bekannt sein, um den Verlauf des Sättigungsdampfdruckes festlegen zu können. Ist der Verlauf des Sättigungsdampfdruckes bekannt, wird dieser mit dem tatsächlich vorhandenen Dampfdruckverlauf verglichen, wobei der Dampfdruck an keiner Stelle größer als der Sättigungsdampfdruck sein kann. Ein Zahlenbeispiel soll dies näher erläutern.

Beispiel: Mehrschichtiges Außenbauteil

Die Beurteilung des Diffusionsverhaltens dieser Wand wird rechnerisch in einem Vordruck durchgeführt (Tafel 19 und 20).

Erläuterung des Rechenganges: Aus den Schichtdicken und den zugehörigen Wärmeleitfähigkeiten ergeben sich die Wärmedurchlaßwiderstände der einzelnen Schichten. Die Wärmeübergangswiderstände können Tafel 9 entnommen werden. Berücksichtigt man noch die Wärmebrücke durch Stahlanker mit 15% Abzug im Bereich der Wärmedämmschicht, ergibt sich durch Addition der

Tafel 19: Rechnerische Ermittlung des Temperatur- und Dampfdruckverlaufs — Bauteil: *3-Schicht-Platte*

1	2	3	4	5	6	7	8	9	10	11	12	13	14	15
Zustand	Schichtfolge	s [m]	λ $\left[\frac{W}{mk}\right]$	$\frac{s}{\lambda}$; $\frac{1}{\alpha}$ $\left[\frac{m^2K}{W}\right]$	$\Delta\vartheta_n$ [K]	ϑ [°C]	μ [1]	N $\left[\frac{mh\,Pa}{kg}\right]$	R_δ $\left[\frac{m^2h\,Pa}{kg}\right]$	Δp_n [Pa]	p_d [Pa]	p_s [Pa]	p_h [Pa]	Bemerkungen
Frostperiode	Raumluft			0,13	1,8	+20,0					1170	2340		$\varphi_i = 50\%$
						+18,2					1170	2091	1170	zul. $\varphi = 89\%$
	Stahlbeton B 25	0,15	2,10	0,07	1,0	+17,2	70	1,5	15,8	−406	764	1963		
	Hartschaumplatte*)	0,08	0,035	1,94	−26,2	−9,0	30	1,5	3,6	−93	671	284	284	Stelle x
	Gestalteter Stahlbeton B 25, wasserundurchl.	0,08	2,10	0,04	−0,5	−9,5	150	1,5	18,0	−463	208	272	208	
	Außenluft			0,04	−0,5	−9,5		10^{-6}	10^{-6}		208	272	208	$\varphi_a = 80\%$
						−10,0					208	260		
	Summe	0,31		2,22	−30,0				37,4	−962				

*) Wärmebrücke durch Stahlanker:

$$\frac{1}{\Lambda} = a \cdot \Sigma \frac{s}{\lambda} = 0,85 \cdot \frac{0,08}{0,035} = 1,94 \left[\frac{m^2\,K}{W}\right]$$

Wärmedurchgangskoeffizient:

$$k = \frac{1}{a \cdot \Sigma \frac{s}{\lambda} + \Sigma \frac{1}{\alpha}} = \frac{1}{2,22} = 0,45 \left[\frac{W}{m^2\,K}\right]$$

$$R_{\delta i} = 15,8 + 3,6 = 19,4 \cdot 10^6 \left[\frac{m^2h\,Pa}{kg}\right]$$

$$\Delta p_i = 1170 - 284 = 886 \; [Pa]$$

$$R_{\delta a} = 18,0 \cdot 10^6 \left[\frac{m^2h\,PA}{kg}\right]$$

$$\Delta p_a = 284 - 208 = 76 \; [Pa]$$

Diffusionsstromdichte:

$$i = \frac{\Delta p_i}{R_{\delta i}} - \frac{\Delta p_a}{R_{\delta a}} = \left(\frac{886}{19,4} - \frac{76}{18,0}\right) \cdot \frac{10^3}{10^6} = 41,5 \cdot 10^{-3} \left[\frac{g}{m^2h}\right]$$

$$W = i \cdot t = 41,5 \cdot 1,44 = 59,8 \left[\frac{g}{m^2}\right] \qquad u_v = \frac{W}{s_x} \cdot 10^{-4} = 0,07 \; [Vol\text{-}\%]$$

$$< 500 \qquad\qquad\qquad\qquad\qquad\qquad < 1,2$$

Tafel 20: Austrocknungsverhalten des Bauteils aus Tafel 19

1	2	3	4	5	6	7	8	9	10	11	12	13	14	15
Zustand	Schichtfolge	s [m]	λ $\left[\dfrac{w}{mk}\right]$	$\dfrac{s}{\lambda};\dfrac{1}{a}$ $\left[\dfrac{m^2K}{W}\right]$	$\Delta\vartheta_n$ [K]	ϑ [°C]	μ [1]	N $\left[\dfrac{mh\,Pa}{kg}\right]$	R_δ $\left[\dfrac{m^2h\,Pa}{kg}\right]$	Δp_n [Pa]	p_d [Pa]	p_s [Pa]	p_h [Pa]	Bemer-kungen
Trockenperiode	Raumluft					+12					982	1403		$\varphi_i =$
											982		982	zul. $\varphi =$
	Alle Stoffkenn-werte entsprechen Frostperiode												1403	*Stelle x*
	Außenluft					+12		10^{-6}	10^{-6}		982	982	982	$\varphi_a =$
	Summe										982	1403		

*) Wärmebrücke durch Stahlanker:

$$\frac{1}{\Lambda} = a \cdot \Sigma \frac{s}{\lambda} = 0,85 \cdot \quad = \quad \left[\frac{m^2\,K}{W}\right]$$

Wärmedurchgangskoeffizient:

$$k = \frac{1}{a \cdot \Sigma \frac{s}{\lambda} + \Sigma \frac{1}{a}} = \quad \left[\frac{W}{m^2\,K}\right]$$

$R_{\delta i} = 15,8 + 3,6 = 19,4 \cdot 10^6 \left[\dfrac{m^2h\,Pa}{kg}\right]$

$\Delta p_i = 982 - 1403 = -421$ [Pa]

$R_{\delta a} = 18,0 \cdot 10^6 \left[\dfrac{m^2h\,Pa}{kg}\right]$

$\Delta p_a = 1403 - 982 = +421$ [Pa]

Diffusionsstromdichte:

$i = \dfrac{\Delta p_i}{R_{\delta i}} - \dfrac{\Delta p_a}{R_{\delta a}} = \dfrac{-421}{19,4} - \dfrac{421}{18,0} \cdot \dfrac{10^3}{10^6} = -45,1 \cdot 10^{-3} \left[\dfrac{g}{m^2h}\right]$

$\quad\quad > 59,8$

$W = i \cdot t = -45,1 \cdot 2,16 = -97,4 \left[\dfrac{g}{m^2}\right] \quad u_v = \dfrac{W}{s_x} \cdot 10^{-4} = \quad$ [Vol-%]

Werte in Spalte 5 der Gesamtdurchgangswiderstand zu 2,22 m² K/W. Der Kehrwert ist der Wärmedurchgangskoeffizient k = 0,45 W/m² K.

Die Raumlufttemperatur von +20 °C und Außenlufttemperatur von −10 °C wird Tafel 17 entnommen und in Spalte 7 eingetragen. Die Gesamttemperaturdifferenz beträgt damit −30 K. Die Temperaturdifferenzen in der Spalte 6 ergeben sich aus dem Verhältnis der einzelnen Widerstände zum Gesamtwiderstand, multipliziert mit der Gesamttemperaturdifferenz. Als Zahlenbeispiel für den inneren Übergangskoeffizienten:

$$\frac{0,13}{2,21} \cdot (-30) = -1,8 \text{ K.}$$

Die so gewonnenen Temperaturdifferenzen werden von +20 °C fortlaufend abgezogen und ergeben somit den Temperaturverlauf in der Konstruktion.

Die zu diesen Temperaturen gehörenden Sättigungsdampfdrücke können Tafel 77 entnommen und in Spalte 13 eingetragen werden.

Die Diffusionswiderstandszahlen der Spalte 8 sind in den Tafeln der Baustoffkennwerte zu finden. Werden für einzelne Baustoffe Bereiche angegeben, wie z. B. bei Normalbeton 70/150, ist die jeweils für die Konstruktion ungünstigere Zahl einzusetzen. Da eine Grundregel der Bauphysik besagt, daß der Dampfdurchlaßwiderstand einer Konstruktion von innen nach außen abnehmen soll, bedeutet dies im vorliegenden Fall, daß der höhere Wert außen, der niedrigere innen anzusetzen ist. Für die Wärmedämmschicht ist ebenfalls der niedrigere Wert zu wählen, da damit die Differenz zwischen Wärmedämmschicht und äußerer Betonschale größer, also ungünstiger wird.

Die Temperaturabhängigkeit der Dampfleitfähigkeit, ausgedrückt durch den Wert N, wird einheitlich mit $1,5 \cdot 10^6$ mhPa/kg in Spalte 9 eingetragen. Spalte 10 ist das Produkt aus den Spalten 3 · 8 · 9.

Der im Rauminneren herrschende Wasserdampfteildruck (Spalte 12 oberste Zeile) bzw. der außen herrschende Wasserdampfteildruck (Spalte 12 unterste Zeile) ergibt sich aus den zugehörigen Wasserdampfsättigungsdrücken und den Werten der relativen Luftfeuchte (Tafel 17). Somit herrscht innen ein Wasserdampfteildruck von:

$$\frac{2340 \cdot 50}{100} = 1170 \text{ Pa.}$$

Aus den so gefundenen Wasserdampfteildrücken innen bzw. außen ergibt sich eine Gesamtdruckdifferenz von 208−1170 = −962 Pa. Dieser Wert wird analog der Temperaturermittlung aufgeteilt im Verhältnis der Einzelwiderstände (Spalte 10) zum Gesamtwiderstand (Summe der Werte der Spalte 10). Beispiel für die innere Betonschale:

$$\frac{15,8}{37,4} \cdot (-962) = -406 \text{ Pa.}$$

Die so gefundenen Dampfdruckdifferenzen werden wieder fortlaufend vom inneren Wasserdampfteildruck abgezogen und ergeben somit den Dampfdruckverlauf.

Es ergibt sich, daß am Übergang von der Hartschaumplatte zur äußeren Betonschale der berechnete Wasserdampfdruck 671 Pa beträgt und damit über dem bei der vorhandenen Temperatur von –9,0 °C möglichen Wasserdampfsättigungsdruck von 284 Pa liegt. An dieser Stelle x kommt es somit zur Kondensation, da ein höherer Teildruck als der Sättigungsdruck nicht möglich ist. In Spalte 14 ist der Wasserdampfdruckverlauf eingetragen, wie er sich tatsächlich einstellt (Bild 16).

Im unteren Bereich der Tafel wird die Wassermenge, die bis zur Stelle x in die Konstruktion hineindiffundiert, mit dem Wert verglichen, der von der Stelle x

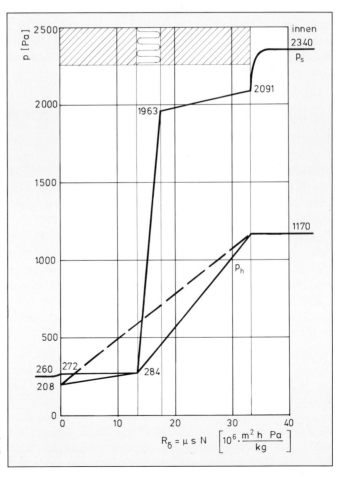

Bild 16: Dampfdruck-
verlauf im Bauteil aus
Tafel 19

$$R_\delta = \mu\, s\, N \quad \left[10^6 \cdot \frac{m^2\, h\, Pa}{kg}\right]$$

nach außen herausdiffundiert. Der sich daraus ergebende Wert ist die Diffusionsstromdichte, die in diesem Falle mit $45,1 \cdot 10^{-3}$ g/m²h herauskommt. Wird dieser Wert noch mit der Dauer der Frostperiode von 1440 Stunden multipliziert, ergibt sich eine Kondensatmenge von 59,8 g/m². Dieser Wert liegt unter den zulässigen 500 g/m².

Als letztes wird die volumenbezogene Feuchte u_v bestimmt, wobei die gesamte anfallende Wassermenge auf die Wärmedämmschicht bezogen wird. Damit ergibt sich bei einer Schichtdicke s_x von 0,08 m ein Wert von 0,07 Vol-%. Dieser liegt ebenfalls unter dem höchsten zulässigen Wert von 1,2 (Tafel 18), bei dem die Wärmeleitfähigkeit um etwa 10% vergrößert würde.

Der Nachweis, daß die angefallene Wassermenge in der Trockenperiode wieder austrocknen kann, ist in Tafel 20 geführt. Die Rechengänge sind die gleichen wie vorher beschrieben.

Diese in DIN 4108 angegebene Möglichkeit, eine Konstruktion diffusionstechnisch zu untersuchen, ist nicht so zu verstehen, daß die errechneten Wassermengen tatsächlich in der Konstruktion anfallen. Wenn der Nachweis nach diesem Näherungsverfahren geführt wird, ist die Konstruktion jedoch erfahrungsgemäß in Ordnung.

Kann dieser Nachweis für eine Konstruktion nicht geführt werden, muß unter Umständen der Schichtaufbau geändert werden, oder es ist zusätzlich eine Dampfsperre anzuordnen. Praktisch dampfdicht ist eine Schicht mit einem Teildiffusionswiderstand (Diffusionsäquivalente Luftschichtdicke $\mu \cdot$ s) von wenigstens 1500 m. Für übliche Wand- bzw. Dachaufbauten genügen jedoch oft niedrigere Werte. Für Wände sollte wenigstens ein Teildiffusionswiderstand von 50 m, für einschalige Dächer wenigstens von 100 m eingehalten werden. Im Einzelfall kann der erforderliche Wert jedoch nur durch eine Berechnung ermittelt werden.

2.2.1.5 Temperatur- und Dampfdruckverlauf

Bild 17 zeigt als Zusammenfassung den Temperatur- und Dampfdruckverlauf ein- und mehrschichtiger Konstruktionen. Bei der einschichtigen Wand aus Leichtbeton ergibt sich ein geradliniger Verlauf der Temperaturkurve. Sättigungsdampfdruck und Teildruckkurve berühren sich nicht, die Konstruktion ist diffusionstechnisch in Ordnung.

Bei den mehrschichtigen Konstruktionen ergibt sich ein großer Sprung der Temperaturkurve und damit auch der Sättigungsdampfdruckkurve innerhalb der Wärmedämmschicht. Der Berührungspunkt zwischen Sättigungsdampfdruck und Teildruck liegt immer am Übergang zwischen Wärmedämmschicht und äußerer Schale. Während bei außen oder mittig liegender Dämmschicht der Diffusionsnachweis nach DIN 4108, Teil 3, gelingt, ist eine normale Betonwand mit innenliegender Wärmedämmschicht im allgemeinen diffusionstechnisch nicht in Ordnung. Hier muß eine zusätzliche Schicht als Dampf-

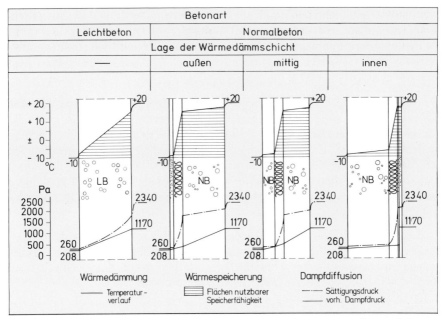

Bild 17: Temperatur- und Dampfdruckverlauf im Winter von vier Außenwandkonstruktionen

bremse angebracht werden, deren Teildiffusionswiderstand mindestens 20 m betragen sollte, z. B. 0,2 mm dicke PE-Folie.

2.2.2 Schlagregenbeanspruchung

Bei Regen kann Wasser in Außenbauteile z. B. durch Kapillarwirkung eindringen. Außerdem können Fehlstellen wie Spalten, Risse oder ähnliches, Wasser in oder durch die Konstruktion leiten. Eine solche Durchfeuchtung von außen muß ebenso verhindert werden wie eine Kondensation im Bauteilinneren.

Die Wasseraufnahme der Bauteile bei Schlagregen wird durch die Saugfähigkeit der Baustoffe beziehungsweise deren Oberflächenschichten (z. B. Außenputz) bestimmt. Die Kenngröße für die Saugfähigkeit der Baustoffe ist der Wasseraufnahmekoeffizient w, der den zeitlichen Verlauf der Wasseraufnahme eines Materials wie folgt beschreibt:

$$w = \frac{W}{\sqrt{t}} \ \text{kg/m}^2 \ \text{h}^{0.5}$$

Darin bedeutet:

W = Wasseraufnahme in kg/m²
t = Zeit in h

59

Der Wasseraufnahmekoeffizient soll einen gewissen Wert nicht überschreiten, auch wenn die Austrocknung langfristig gesichert ist, um eine kurzfristige Feuchtigkeitserhöhung bei Regen zu begrenzen. Deshalb gilt für wasserabweisende Putzsysteme:

$$w = 0,5 \text{ kg/m}^2 \text{ h}^{0.5}.$$

Das bei Schlagregen in das Außenbauteil eingedrungene Wasser soll in den Trockenperioden wieder an die Außenluft abgegeben werden. Dies geschieht um so schneller, je niedriger der Teildiffusionswiderstand s_d der Oberflächenschicht (z. B. Putz) ist. Eine solche Oberflächenschicht soll also im Hinblick auf den Regenschutz wasserhemmend oder wasserabweisend sein, jedoch gleichzeitig möglichst durchlässig für Wasserdampf bleiben, um eingedrungene Feuchtigkeit rasch wieder abgeben zu können. Der Wert s_d der Oberflächenschichten von geputzten Wänden sollte aus diesen Gründen

$$s_d = \mu \cdot s \leqq 2,0 \text{ m}$$

sein.

Die Beanspruchung von Gebäuden oder Gebäudeteilen durch Schlagregen wird durch Beanspruchungsgruppen gekennzeichnet.

Zur Beanspruchungsgruppe I (geringe Schlagregenbeanspruchung) rechnen windarme Gebiete mit weniger als 600 mm Niederschlag pro Jahr sowie besonders geschützte Lagen.

Zur Beanspruchungsgruppe II (mittlere Schlagregenbeanspruchung) zählen Gebiete mit Jahresniederschlagsmengen unter 800 mm und geschützte Lagen in Gebieten mit höheren Niederschlagsmengen sowie exponierte Lagen, die sonst in die Beanspruchungsgruppe I fallen würden.

Zur Beanspruchungsgruppe III (starke Schlagregenbeanspruchung) rechnen windreiche Gegenden mit mehr als 800 mm Jahresniederschlag sowie exponierte Lagen, die sonst in Beanspruchungsgruppe II fallen würden.

Tafel 21: Wasseraufnahmekoeffizienten von Baustoffen nach Künzel und Schwarz

Material	Wasseraufnahmekoeffizient w $\text{kg/m}^2\text{h}^{1/2}$
Normalbeton	1,1 bis 1,8
Porenbeton	4,0 bis 7,7
Bimsbeton	1,9 bis 2,9
Gips	3,8 bis 7,0
Kalkzementputz	1,0 bis 5,0
Zementputz	0,1 bis 0,5
Kunststoffdispersionsbeschichtung	0,05 bis 0,2
Polymerbeschichtung	10^{-1} bis 10^{-5}

Tafel 22: Zuordnung von Wandbauarten und Beanspruchungsgruppen, DIN 4108

Spalte	1	2	3
Zeile	Beanspruchungsgruppe I geringe Schlagregen- beanspruchung	Beanspruchungsgruppe II mittlere Schlagregen- beanspruchung	Beanspruchungsgruppe III starke Schlagregen- beanspruchung
1	Mit Außenputz ohne besondere Anforderung an den Schlagregenschutz nach DIN 18 550 Teil 1 verputzte – Außenwände aus Mauerwerk, Wandbauplatten, Beton o. ä. – Holzwolle-Leichtbauplatten, ausgeführt nach DIN 1102 (mit Fugenbewehrung) – Mehrschicht-Leichtbauplatten, ausgeführt nach DIN 1104 Teil 2 (mit ganzflächiger Bewehrung)	Mit wasserhemmendem Außenputz nach DIN 18 550 Teil 1 oder einem Kunstharzputz verputzte – Außenwände aus Mauerwerk, Wandbauplatten, Beton o. ä. – Holzwolle-Leichtbauplatten, ausgeführt nach DIN 1102 (mit Fugenbewehrung) oder Mehrschicht-Leichtbauplatten mit zu verputzenden Holzwolleschichten der Dicken $\geq$ 15 mm, ausgeführt nach DIN 1104 Teil 2 (mit ganzflächiger Bewehrung)	Mit wasserabweisendem Außenputz nach DIN 18 550 Teil 1 oder einem Kunstharzputz verputzte
			– Mehrschicht-Leichtbauplatten mit zu verputzenden Holzwolleschichten der Dicken < 15 mm, ausgeführt nach DIN 1104 Teil 2 (mit ganzflächiger Bewehrung) unter Verwendung von Werkmörtel nach DIN 18 557
2	Einschaliges Sichtmauerwerk nach DIN 1053 Teil 1, 31 cm dick[1]	Einschaliges Sichtmauerwerk nach DIN 1053 Teil 1, 37,5 cm dick[1]	Zweischaliges Verblendmauerwerk mit Luftschicht nach DIN 1053 Teil 1[2]; Zweischaliges Verblendmauerwerk ohne Luftschicht nach DIN 1053 Teil 1 mit Vormauersteinen
3		Außenwände mit angemörtelten Bekleidungen nach DIN 18 515	Außenwände mit angemauerten Bekleidungen mit Unterputz nach DIN 18 515 und mit wasserabweisendem Fugenmörtel[3]; Außenwände mit angemörtelten Bekleidungen mit Unterputz nach DIN 18 515 und mit wasserabweisendem Fugenmörtel[3]
4			Außenwände mit gefügedichter Betonaußenschicht nach DIN 1045 und DIN 4219 Teil 1 und Teil 2

[1] Übernimmt eine zusätzlich vorhandene Wärmedämmschicht den erforderlichen Wärmeschutz allein, so kann das Mauerwerk in die nächsthöhere Beanspruchungsgruppe eingeordnet werden.

[2] Die Luftschicht muß nach DIN 1053 Teil 1 ausgebildet werden. Eine Verfüllung des Zwischenraumes als Kerndämmung darf nur nach hierfür vorgesehenen Normen durchgeführt werden oder bedarf eines besonderen Nachweises der Brauchbarkeit, z. B. durch allgemeine bauaufsichtliche Zulassung.

[3] Wasserabweisende Fugenmörtel müssen einen Wasseraufnahmekoeffizienten $w \leq 0,5$ kg/m²h$^{1/2}$ aufweisen, ermittelt nach DIN 52 617.

Je nach Schlagregenbeanspruchung sind Schutzmaßnahmen z. B. durch entsprechende Beschichtungen und Putze oder durch hinterlüftete Vorsatzschalen erforderlich (Tafel 22).

2.2.3 Schutz gegen Bodenwasser

Je nach Bodenart, Bodenschichten und Grundwasserstand kann Wasser auf erdberührte Bauteile unterschiedlich einwirken. Bereits im Planungsstadium sollte die Wasserbewegung im Boden abgeschätzt werden, um so von vorneherein geeignete Abdichtungsmaßnahmen vorsehen zu können.

Das Abflußverhalten des Wassers im Boden, z. B. nach einem Regenguß oder bei der Schneeschmelze, ist wesentlich von der Bodenart abhängig.

Nicht bindige, grobkörnige Sand- und Kiesböden sind wasserdurchlässig. In ihnen sickert das Oberflächenwasser der Schwerkraft folgend rasch in tiefere Schichten. Das Wasser ist frei beweglich.

Zu den bindigen Böden rechnen Ton und Schluff. Sie haben ein hohes Wasserhaltevermögen. Feuchtigkeit wandert nur langsam dem Grundwasser zu. Bindige Böden bilden ein System feiner Röhrchen aus Kapillaren, in denen die Oberflächenspannung des Wassers bewirkt, daß ein Sog entsteht und Wasser aus tieferen Schichten aufsteigt. Tafel 23 zeigt diese Zusammenhänge.

Tafel 23: Kapillare Steighöhe und Durchlässigkeit für Wasser in Abhängigkeit von der Bodenart [20]

Bodenart (DIN 4023)	Kennzeichen	Korngröße (mm)	Steighöhe (cm)	Durchlässigkeit (cm/s)
Steine, Blöcke	X	>60	0	durchlässig
Kies Grobkies Mittelkies Feinkies	gG mG fG	20–60 6–20 2–6	~0 ~0 5	durchlässig durchlässig $>1 \cdot 10^{-2}$
Sand Grobsand Mittelsand Feinsand	gS mS fS	0,6–2 0,2–0,6 0,06–0,2	10 25 50–100	$1 \cdot 10^{-2} -$ $1,5 \cdot 10^{-3}$ $1,5 \cdot 10^{-3} -$ $1,5 \cdot 10^{-4}$ $1,5 \cdot 10^{-4} -$ $5,5 \cdot 10^{-4}$
Schluff	U	0,002–0,06	200–1000	$5,5 \cdot 10^{-6} -$ $1 \cdot 10^{-7}$
Ton	T	<0,002 (unter 2 μm)	>1000	$1 \cdot 10^{-7} -$ $1 \cdot 10^{-9}$

2.2.3.1 Beanspruchung

Die im Boden vorkommenden Erscheinungsformen des Wassers können wie folgt beschrieben werden:

Grundwasser füllt alle Hohlräume des Bodens, es kommt sowohl stehend als auch fließend vor. Der Grundwasserspiegel kann in Abhängigkeit von den Niederschlagsmengen starken Schwankungen unterliegen. Grundwasser wirkt auf Bauteile immer als drückendes Wasser.

Sickerwasser ist Wasser, das z. B. nach einem Regenguß durch grobkörnige Böden nach unten sickert. Es übt auf das Bauwerk keinen hydrostatischen Druck aus.

Stauwasser tritt z. B. dann auf, wenn Sickerwasser auf eine wasserundurchlässige Bodenschicht trifft und sich darüber aufstaut. Wird eine solche Schicht durch ein Bauteil angeschnitten, dann übt das Stauwasser einen entsprechenden Druck aus.

Schichtenwasser ist dann gegeben, wenn in bindigen Böden Schichten mit wasserdurchlässigem Material eingelagert sind. In diesen Schichten fließt das Wasser ab und kann auf Bauteile ebenfalls drückend wirken.

Bodenfeuchtigkeit ist der Wassergehalt des Bodens, der abhängig ist vom Porenanteil, der Porenart und vom Wasserhaltevermögen des Bodens. Zur Bodenfeuchtigkeit gehören das Kapillarwasser, das Haftwasser und das Porenwinkelwasser. Die Bodenfeuchtigkeit übt keinen hydrostatischen Druck auf Bauteile aus.

Den Erscheinungsformen des Wassers im Boden entsprechend können folgende Beanspruchungsgruppen unterschieden werden:

☐ Bodenfeuchtigkeit und nicht stauendes Sickerwasser

☐ Stauendes Sickerwasser und Schichtenwasser

☐ Grundwasser, drückendes Wasser

2.2.3.2 Abdichtung

Die Ausführung und Bemessung von Abdichtungen werden in Abhängigkeit von der Beanspruchung der Bauwerke geregelt und in DIN 18 195 „Bauwerksabdichtungen" beschrieben:

Teil 4 „Abdichtung von Bauwerken gegen Bodenfeuchtigkeit"

Teil 5 „Abdichtung gegen nicht drückendes Wasser"

Teil 6 „Abdichtung gegen von außen drückendes Wasser"

Wird der Keller als sogenannte weiße Wanne aus wasserundurchlässigem Beton hergestellt, dann sind keine weiteren Maßnahmen zur Bauwerksabdichtung notwendig. Hinweise zur Herstellung dauerhaft dichter Keller aus wasserundurchlässigem Beton enthält [21].

Lage der Abdichtungen

Waagerechte Abdichtungen in Wänden sollen den kapillaren Aufstieg des Wassers im Baustoff verhindern. Bei Kellerwänden sind wenigstens zwei horizontale Abdichtungen vorzusehen. Die untere soll 10 bis 15 cm über dem Kellerfußboden und die obere 30 cm über dem Gelände angeordnet werden. Liegt der Keller ganz im Erdreich, wird eine dritte waagerechte Abdichtung unterhalb der Kellerdecke erforderlich (siehe Prinzipskizzen in den Bildern 18 bis 23).

Liegt der Kellerfußboden nicht im Grundwasserbereich, sollte auf den gewachsenen Boden zunächst eine Schicht aus grobem Kies oder Schotter aufgebracht werden. Dadurch werden die Kapillaren des Bodens unterbrochen, so daß Feuchtigkeit auf diese Weise nicht weiter aufsteigen kann. Gleichzeitig wirkt diese Schicht unter der Bodenplatte als Dränung. Evtl. dort anfallendes Wasser muß durch die Fundamente in die Ringdränung gelangen können.

Die horizontale Abdichtung der Fußböden ist bei Kellern mit Mauerwerk auf Streifenfundamenten oberhalb des Unterbetons, wie in Bild 21 dargestellt, ein-

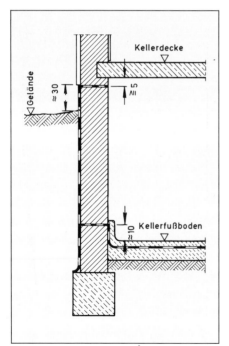

Bild 18: Waagerechte Abdichtungen bei Kellerwänden aus Mauerwerk [DIN 18195]

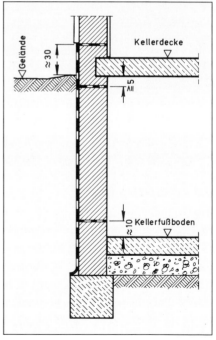

Bild 19: Drei Abdichtungsebenen bei Kellern aus Mauerwerk, die ganz im Erdreich liegen [DIN 18195]

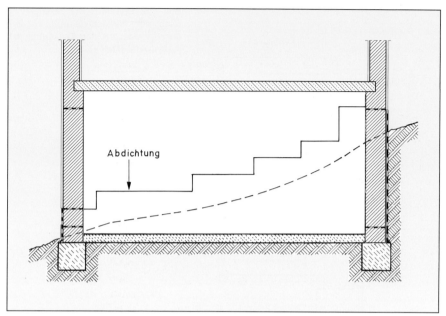

Bild 20: Abtreppung der obersten waagerechten Abdichtung bei Hanglage [24]

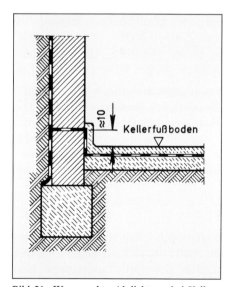

Bild 21: Waagerechte Abdichtung bei Kellern mit Mauerwerk auf Streifenfundamenten [DIN 18 195]

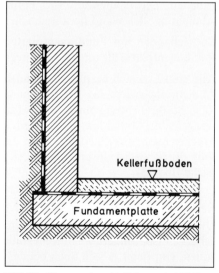

Bild 22: Waagerechte Abdichtung bei Kellern mit Mauerwerk auf Fundamentplatte [DIN 18 195]

65

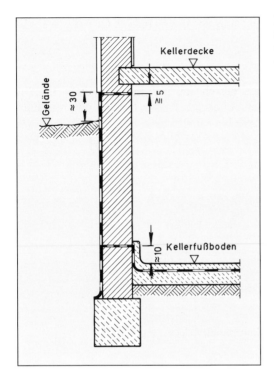

Bild 23: Die lotrechte Abdichtung reicht vom Fundamentansatz bis zur obersten waagerechten Abdichtung der Außenwand [DIN 18195]

zubauen. Die Abdichtung des Fußbodens muß an die untere waagerechte Abdichtung der Wand heranreichen.

Bei Gebäuden mit Fundamentplatten aus Beton ersetzt die Abdichtung der Fundamentplatte die untere waagerechte Abdichtung der Wand (siehe Bild 22).

Alle vom Erdreich berührten Wandflächen müssen auch durch eine vertikale Abdichtung gegen das Eindringen von Feuchtigkeit geschützt werden. Die lotrechte Abdichtung muß unten bis zum Fundamentansatz und oben bis an die waagerechte Abdichtung etwa 30 cm über das Gelände reichen. Feuchtigkeitsbrücken müssen vermieden werden. Im Bereich des Sockels kann diese Abdichtung durch wasserabweisende Putze, Platten oder Mauerwerk ersetzt werden (siehe Bild 23).

2.2.3.3 Dränung

Die Beanspruchung der Bauteile durch Bodenfeuchtigkeit wird häufig unterschätzt. Insbesondere wenn Kellerräume als Aufenthaltsräume genutzt werden sollen, empfiehlt es sich auch bei der geringsten Beanspruchungsgruppe, also bei Bodenfeuchte und nicht drückendem Sickerwasser, eine Dränung als Ringleitung vorzusehen und an den Wänden eine Filter- und Sickerschicht anzubringen. Auch hier kann es bei starken Regenfällen kurzfristig zu Stauwasser kommen, das schnell und ohne Rückstau vor der Wand ins Grundwasser abgeleitet werden muß.

Anlage von Dränungen

Eine funktionsgerechte Drän-Anlage besteht aus drei miteinander in Verbindung stehenden Bauelementen, der Sickerschicht, der Dränleitung und dem Vorfluter bzw. dem Sickerschacht.

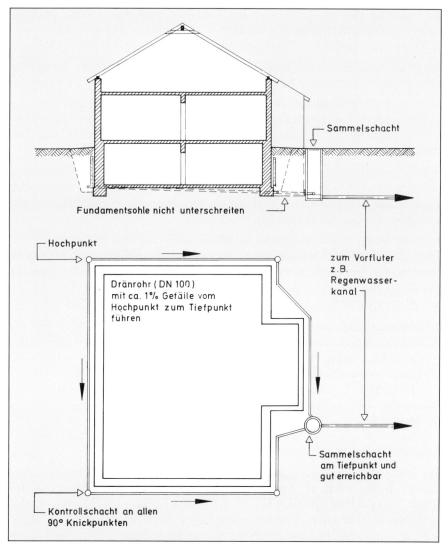

Bild 24: Anlage einer Dränleitung [22]

Zur Anlage einer Dränung wird der Boden höchstens bis zur Fundamentsohle ausgehoben. Die Breite des Grabens beträgt etwa 50 cm; die Abböschung erfolgt je nach Bodenart, so daß Erdreich nicht nachrutscht.

Die Dränleitung wird in einem Kiesplanum vom Höchstpunkt in einem Gefälle von 1% zum Tiefstpunkt (Vorfluter, Sickerschacht) verlegt. Am Höchstpunkt soll die Oberkante des Dränrohrs der Unterkante der Kellerbodenplatte entsprechen. Das Dränrohr soll allseitig mit einer 20 cm dicken Kiesschicht ummantelt sein.

Zweckmäßig wird am Tiefstpunkt der Dränleitung ein Sammelschacht angeordnet. An allen Knickpunkten mit 90% Richtungsänderung sollten Kontrollschächte, mindestens aber Spülleitungen, angeordnet werden (siehe Bild 24).

Als Dränleitung haben sich Betonfilterrohre aus haufwerksporigem Beton oder auch gelochte Betonrohre bewährt (siehe Bild 25).

Vor der Kelleraußenwand muß eine senkrechte Sickerschicht aus Kies das zudrängende Stauwasser schnell der Dränleitung zuführen. Diese Kiesschicht ist insbesondere bei feinkörnigen Böden durch eine Filterschicht vor dem Zuschlämmen zu schützen.

Als Sicker- und Filterschicht haben sich auch Filterkörper aus haufwerksporigem Beton bewährt. Diese Hohlkörper werden lose im Verband vor der Außenwand aufgestellt. Als Ergänzungsstein dazu gibt es Abflußrinnsteine und Abdecksteine (siehe Bild 26).

Nur bei bindigen und quellfähigen Böden sollte vor den Filterkörpern ein Filtervlies angeordnet werden, um so das Zuschlämmen der Hohlräume zu verhindern. Die Sickerschicht zwischen den Streifenfundamenten sollte ebenfalls

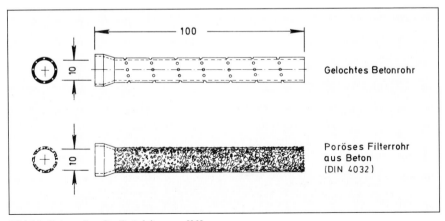

Bild 25: Betonrohre für Dränleitungen [23]

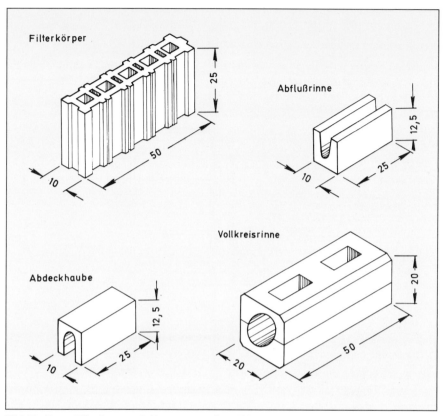

Bild 26: Beton-Filterkörper mit Ergänzungssteinen [23]

an die Dränung angeschlossen und so entwässert werden. Bild 27 zeigt die Dränung einer Kellerwand im Schnitt.

2.3 Schallschutz

Die meisten Menschen fühlen sich durch Lärm belästigt, durch Lärm von draußen (Verkehrslärm), aus fremdem und sogar dem eigenen Wohn- und Arbeitsbereich. Lärm ist Schall, der stört. Ein angemessener Schallschutz (angemessen im Sinne technisch machbar und bezahlbar) ist daher von großer Bedeutung für das Wohlbefinden der Bewohner.

Der Schallschutz im Hochbau beginnt bei der Planung. So sind schutzbedürftige Räume wie Schlaf- und Wohnzimmer im Grundriß so anzuordnen, daß sie vom Außenlärm möglichst wenig betroffen sind. Räume gleichartiger Nutzung sollten zusammengelegt und „laute" von „leisen" Raumgruppen getrennt werden. Dies kann zum Beispiel geschehen durch die Anordnung von Puffer-

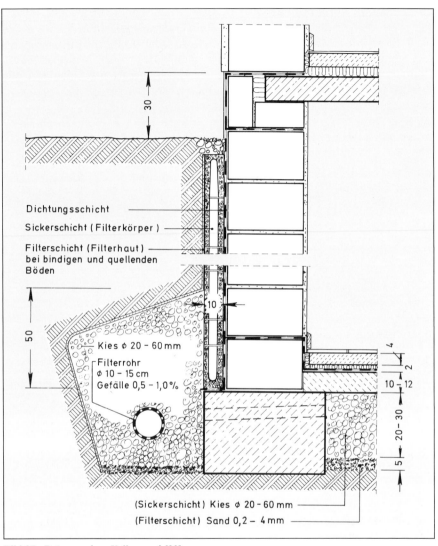

Bild 27: Dränung einer Kellerwand [23]

zonen zwischen diesen Raumgruppen (Gänge, Schrankzimmer, Vorrats- und Abstellräume) oder durch eine besonders schalldämmende Ausführung der trennenden Bauteile.

2.3.1 Schall, Schallanregung

Beim Schallschutz im Hochbau wird zwischen Luftschall und Trittschall unterschieden. Unter Luftschall versteht man alle Geräusche (Sprechen, Musik), die durch die Luft übertragen werden. Trittschall zählt zum Körperschall. Er entsteht zum Beispiel durch das Gehen auf einer Decke und strahlt nicht nur in den darunterliegenden Raum ab, sondern wird durch die Decke und die angrenzenden (flankierenden) Bauteile weitergeleitet und damit auch in benachbarten Räumen als Luftschall hörbar. Die beiden Anregungsarten für den Schall in Gebäuden sind in Bild 28 schematisch dargestellt.

Bild 28: Luft- und
Körperschallanregung

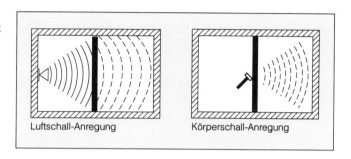

Luftschall-Anregung   Körperschall-Anregung

Einige Größen zur Kennzeichnung der Luft- und Trittschalldämmung von Bauteilen sind in Tafel 24 zusammengestellt.

Tafel 24: Kennzeichnende Größen der Luft- und Trittschalldämmung

Kennzeichnung der ...	Luftschalldämmung		Trittschalldämmung
an den Bauteilen ...	Wände, Decken	Türen, Fenster	Decken (Treppen)
Anforderungswert nach DIN 4109	erf. R'_w	erf. R_w	erf. $L'_{n,w}$ (erf. TSM)
Rechenwert im Nachweisverfahren nach DIN 4109	$R'_{w,R}$	$R_{w,R}$	$L'_{n,w,R}$ (TSM_R)
Einzahlwert, erhalten aus Messungen in Prüfständen nach DIN 52 210, Teil 4	$R'_{w,P}$	$R_{w,P}$	$L'_{n,w,P}$ (TSM_P)
Einzahlwert, erhalten aus Messungen am Bau nach DIN 52 210, Teil 4	$R'_{w,B}$	$R_{w,B}$	$L'_{n,w,B}$ (TSM_B)

Darin bedeuten:

R_w = Bewertetes Schalldämm-Maß (dB) des trennenden Bauteils ohne Schallübertragung über flankierende Bauteile. Überwiegend für Einzahl-Angaben bei Türen und Fenster verwendet

R'_w = Bewertetes Schalldämm-Maß (dB) mit Schallübertragungen über die flankierenden Bauteile und gegebenenfalls andere Nebenwege. Vorwiegend für Einzahl-Angaben bei Wänden und Decken verwendet

$L'_{n,w}$ = Bewerteter Normtrittschallpegel (dB), der nach einer Übergangszeit das bisher verwendete TSM = Trittschallschutzmaß ersetzt. Zwischen den beiden Größen besteht der Zusammenhang:

$$L'_{n,w} = 63\text{-TSM (dB)}$$

erf. = Das vorangestellte Kürzel erf. kennzeichnet eine Anforderung.

Die Indizes bedeuten: R = Rechenwert, P = im Prüfstand gemessen und B = am Bau gemessen.

2.3.2 Luftschalldämmung

Entscheidend für die Luftschalldämmung von Bauteilen sind:

☐ Trennende Bauteile (Material, Dicke, Flächenmasse, Zahl der Schalen, Schalenabstand, Hohlraumfüllung)

☐ Flankierende Bauteile (Seitenwände, Decken, Unterdecken, Estriche, Beläge)

☐ Anschlüsse (Wand/Decke, Wand/Wand, Dichtigkeit, Verzweigungsdämmung)

☐ Fugen (Form, Breite, Länge, Füllung, Elastizität, Dichtigkeit)

☐ Öffnungen (Fenster, Türen, Kanäle, Schächte)

Für Anforderungen und Nachweise werden in DIN 4109 bewertete Schalldämmaße für trennende Bauteile einschließlich der Schallübertragung der flankierenden Bauteile und gegebenenfalls über sonstige Nebenwege, also R'_w-Werte verwendet. Die verschiedenen Wege der Flankenübertragung sind in Bild 29 dargestellt. Die Flankenübertragung ist der Teil der Nebenwegübertragung, der ausschließlich über die Bauteile erfolgt.

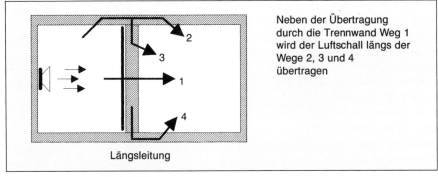

Neben der Übertragung durch die Trennwand Weg 1 wird der Luftschall längs der Wege 2, 3 und 4 übertragen

Längsleitung

Bild 29: Wege der Luftschallübertragung

2.3.2.1 Einschalige, biegesteife Bauteile

Einschalig sind Bauteile im akustischen Sinn, wenn sie über die ganze Dicke gleichphasig schwingen. Dazu gehören Bauteile, die aus einem einheitlichen Baustoff bestehen, wie Beton, Leichtbeton und Porenbeton, aber auch Bauteile aus mehreren Schichten, wie Mauerwerk mit Putz.

Die Luftschalldämmung einschaliger Bauteile hängt von ihrer flächenbezogenen Masse (Flächengewicht) und der Ausbildung der flankierenden Bauteile ab.

Das Flächengewicht eines Bauteils steigt mit der Dicke und der Rohdichte des Bauteils. Die Verhältnisse liegen also anders als beim Wärmeschutz, wo niedrige Rohdichten günstige Werte bedingen. Eine gewisse Übereinstimmung besteht bei der Schall- und Wärmedämmung. Beide steigen mit der Wanddicke, und zwar die Wärmedämmung proportional, die Schalldämmung jedoch nur in logarithmischer Progression.

Während bei der Wärmedämmung das einfache Additionsprinzip gilt (die Gesamtwärmedämmung ist die Summe der Wärmedämmung der Einzelschichten), ist das bei der Schalldämmung nicht der Fall. Hier kann die Dämmwirkung durch vorgesetzte Schichten oder Schalen verbessert oder verschlechtert werden.

Die Flankenübertragung verringert die Schalldämmung des trennenden Bauteils. Die Minderung ist um so größer, je leichter die flankierenden Bauteile sind. Leichte Konstruktionen sind im allgemeinen schalltechnisch ungünstiger. Bauteile aus Beton und Leichtbetonmauerwerk bieten die Voraussetzungen für schalltechnisch gute Werte.

Die Flankenübertragung ist gering, wenn das Flächengewicht der angrenzenden Bauteile ≥ 300 kg/m² beträgt.

Den Zusammenhang zwischen dem Flächengewicht einschaliger, biegesteifer Wände und Decken und dem bewerteten Schalldämm-Maß R'_w enthält Tafel 25. Voraussetzung für diesen Zusammenhang ist ein mittleres Flächengewicht der flankierenden Bauteile von etwa 300 kg/m². Außerdem gelten die Werte nur bei einem fugendichten Aufbau. Ist diese Voraussetzung nicht erfüllt, müssen die Wände zumindest einseitig durch einen vollflächig haftenden Putz beziehungsweise durch eine entsprechende Beschichtung abgedichtet werden. Wenn das mittlere Flächengewicht der flankierenden Bauteile um mehr als ± 25 kg von 300 kg/m² abweicht, sind die $R'_{w,R}$-Werte der trennenden Bauteile mit Zu- oder Abschlägen nach Tafel 26 zu versehen.

Ermittlung der Flächengewichte

Bei der Berechnung der Flächengewichte von Bauteilen sind bei Mauerwerk die Art des Mauermörtels (Normal- oder Leichtmauermörtel) und die Putzschich-

Tafel 25: Bewertetes Schalldämm-Maß $R'_{w,R}$ von biegesteifen Wänden und Decken, DIN 4109

	1	2
	Flächenbezogene Masse m' kg/m^2	Bewertetes Schalldämm-Maß $R'_{w,R}$ dB
	einschalig	
1	85	34
2	90	35
3	95	36
4	105	37
5	115	38
6	125	39
7	135	40
8	150	41
9	160	42
10	175	43
11	190	44
12	210	45
13	230	46
14	250	47
15	270	48
16	295	49
17	320	50
18	350	51
19	380	52
20	410	53
21	450	54
22	490	55
23	530	56
24	580	57
	zweischalig	
25	630	58
26	680	59
27	740	60
28	810	61
29	880	62
30	960	63
31	1040	64

Bei verputzten Wänden aus Porenbeton und aus Leichtbeton mit Blähtonzuschlag mit Steinrohdichten $\leq 0,8$ kg/dm^3 und einer flächenbezogenen Masse ≤ 250 kg/m^2 darf $R'_{w,R}$ um 2 dB höher angesetzt werden.

Tafel 26: Korrekturwerte $K_{L,1}$ für das bewertete Schalldämm-Maß $R'_{w,R}$ von biegesteifen Wänden und Decken als trennende Bauteile bei flankierenden Bauteilen mit der mittleren flächenbezogenen Masse $m'_{L,\text{Mittel}}$ (DIN 4109, Beiblatt 1)

Spalte	1	2	3	4	5	6	7	8
Zeile	Art des trennenden Bauteils	$K_{L,1}$ in dB für mittlere flächenbezogene Massen $m'_{L,\text{Mittel}}$[1] in kg/m^2						
		400	350	300	250	200	150	100
1	Einschalige, biegesteife Wände und Decken	0	0	0	0	−1	−1	−1
2	Einschalige, biegesteife Wände mit biegeweichen Vorsatzschalen	+2	+1	0	−1	−2	−3	−4
3	Massivdecken mit schwimmendem Estrich oder Holzfußboden							
4	Massivdecken mit Unterdecke							
5	Massivdecken mit schwimmendem Estrich und Unterdecke							

[1] $m'_{L,\text{Mittel}}$ ist rechnerisch zu ermitteln.

ten (Tafel 27) zu berücksichtigen. Tafel 28 enthält Rechenwerte der bewerteten Schalldämm-Maße für Mauerwerk mit Normal- und mit Leichtmörtel.

Bei Wänden aus Leicht- oder Porenbetonplatten sowie aus Plansteinen im Dünnbettmörtel ist bei einer Rohdichte über 1000 kg/m^3 diese um 100 kg/m^3 und unter 1000 kg/m^3 um 50 kg/m^3 abzumindern.

Bei fugenlosen Wänden, geschoßhohen Wandplatten und Massivdecken aus unbewehrtem Beton beziehungsweise aus Stahlbeton ist eine Rohdichte von 2300 kg/m^3 anzusetzen.

Tafel 27: Flächenbezogene Masse von Wandputz, DIN 4109

Spalte	1	2	3
Zeile	Putzdicke mm	Flächenbezogene Masse von	
		Kalkgipsputz, Gipsputz kg/m^2	Kalkputz, Kalkzementputz, Zementputz kg/m^2
1	10	10	18
2	15	15	25
3	20	−	30

Tafel 28: Bewertete Schalldämm-Maße R'_w von beidseits geputzten Wänden in Abhängigkeit der Steinrohdichteklassen und Wanddicken, unterschieden nach Normalmörtel und Leichtmörtel

Roh-dichte-klasse	Wand-dicke cm	Bewertetes Schalldämmaß[1)2)] R'_w (dB)		Roh-dichte-klasse	Wand-dicke cm	Bewertetes Schalldämmaß[1)2)] R'_w (dB)	
		Normal-mörtel	Leicht-mörtel			Normal-mörtel	Leicht-mörtel
0,5	17,5	40	39	1,0	17,5	45	[3)]
	24,0	43	42		24,0	48	
	30,0	45	44		30,0	51	
	36,5	47	45		36,5	53	
0,6	17,5	41	40	1,2	17,5	47	[3)]
	24,0	44	43		24,0	50	
	30,0	46	45		30,0	52	
	36,5	48	47		36,5	54	
0,7	17,5	43	42	1,4	17,5	48	[3)]
	24,0	45	45		24,0	52	
	30,0	47	47		30,0	54	
	36,5	50	49		36,5	56	
0,8	17,5	44	43	1,6	17,5	50	[3)]
	24,0	46	46		24,0	53	
	30,0	49	48		30,0	55	
	36,5	51	50		36,5	57	
0,9	17,5	45	44	1,8	17,5	51	[3)]
	24,0	48	47		24,0	54	
	30,0	50	49		30,0	57	
	36,5	52	51		36,5	59	

[1)] Gültig für flankierende Bauteile mit einem mittleren Flächengewicht von ca. 300 kg/m²
[2)] Für die Putzschichten sind zusammen 40 kg/m² berücksichtigt
[3)] Diese Rohdichten werden im allgemeinen nicht mit Leichtmörtel kombiniert

Bei Massivdecken mit Hohlräumen ist das Flächengewicht entweder aus Rechenwerten nach DIN 1055, Teil 1, Lastannahmen für Bauten mit einem Abzug von 15% oder aus dem vorhandenen Querschnitt mit 2300 kg/m³ zu berechnen.

Aufbeton und unbewehrter Beton aus Normalbeton ist bei Decken mit einer Rohdichte von 2100 kg/m³ anzusetzen.

Für Estriche gilt der Rechenwert nach DIN 1055 abzüglich 10%.

2.3.2.2 Mehrschalige Bauteile

Haustrennwände bei Doppel- und Reihenhäusern sind Bauteile, deren mangelnde Schalldämmung oft zu Belästigungen und zu gerichtlichen Auseinandersetzungen führt. Weshalb diese Wände immer zweischalig mit durchgehendem Luftspalt oder weich federnder Dämmschicht ausgeführt werden sollten, wie in Bild 30 verdeutlicht. In [25] wird dazu folgende Beschreibung gegeben:

„Die Kurve a ist die Flächengewichtskurve; auf ihr liegt der Meßpunkt einer einschaligen Haustrennwand. Teilt man dieselbe Schale in zwei völlig getrennte Wandschalen auf, erhält man den oberen Meßpunkt mit einer Verbesserung von 12 dB. Wichtig ist aber, daß der Luftspalt nicht zu gering ist; er sollte ca. 40 mm betragen. Und von entscheidender Bedeutung ist, daß der Luftspalt nicht durch Körperschall-Brücken überbrückt wird.

Solche Körperschall-Brücken können gebildet werden durch einzelne Steine, Mörtel- oder Betonreste oder durch aushärtenden Zementleim, welcher in die Dämmstoffplatten eingedrungen ist, die in den Luftspalt eingestellt wurden. Sehr wirksame „Körperschall-Brücken" stellen auch durchgehende Decken dar. Das untere Meßbeispiel in Bild 30 zeigt, daß man bei durchgehenden Decken nicht nur den Vorteil der zweischaligen Bauweise einbüßt, sondern daß das Ergebnis noch deutlich schlechter werden kann als bei der gleichschweren einschaligen Wand."

Das bewertete Schalldämm-Maß zweischaliger Wände aus zwei schweren, biegesteifen Schalen mit durchgehender Trennfuge kann nach Tafel 25 mit dem Flächengewicht der beiden Einzelschalen +12 dB ermittelt werden. Tafel 29 enthält Beispiele für solche Wände aus Mauerwerk und aus Beton.

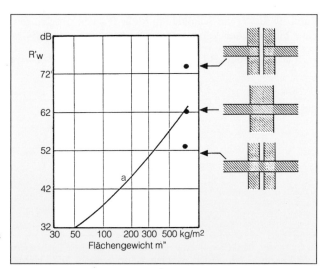

Bild 30: Meßwerte für Haustrennwände unterschiedlicher Konstruktion aber gleichem Flächengewicht nach [25]

Tafel 29: Bewertete Schalldämm-Maße R'_w von zweischaligen, mit Normalmörtel gemauerten Wänden mit durchgehender Gebäudetrennfuge in Abhängigkeit von Wanddicke und Steinrohdichteklasse bzw. Betonrohdichte

Wandaufbau cm	Rohdichteklasse	Bewertetes Schalldämmaß R'_w dB
2 × 17,5	0,8	62
	0,9	63
	1,0	64
	1,2	66
2 × 24	0,6	62
	0,7	64
	0,8	65
	0,9	67
	1,0	68
	1,2	69
	1,4	71
	1,6	72
2 × 12		68
2 × 13		69
2 × 14	2,3[1]	70
2 × 15		71
2 × 16		72

[1] Betonrohdichte in kg/dm³

Tafel 30: Bewertete Schalldämm-Maße R'_w von einschaligen biegesteifen Wänden mit einer biegeweichen Vorsatzschale, Rechenwerte nach DIN 4109 Beiblatt 1

Flächenbezogenes Gewicht der Massivwand kg/m	Bewertetes Schalldämm-Maß R'_w[1] dB
100	49
150	49
200	50
250	52
300	54
350	55
400	56
450	57
500	58

[1] Gültig für flankierende Bauteile mit einer mittleren flächenbezogenen Masse $m'_{L, Mittel}$ von 300 kg/m². – Bei „fester" Verbindung der beiden Schalen verringern sich die Werte um 1 dB.

Eine weitere Möglichkeit auch zur nachträglichen Verbesserung der Schalldämmung von Innenwänden besteht in der Kombination der massiven Wandschale mit einer auf der Sendeseite der trennenden Wand aufgebrachten Vorsatzschale. Dabei dürfen die beiden Schalen keine oder eine nur „federnde" Verbindung besitzen. Die sich unter dieser Voraussetzung ergebenden bewerteten Schalldämm-Maße enthält Tafel 30.

Die Luftschalldämmung von Decken als trennende Bauteile ist ebenfalls abhängig von ihrem Flächengewicht und gegebenenfalls von einem schwimmenden Estrich, einem unmittelbar aufgebrachten Gehbelag und einer Unterdecke.

Bewertete Schalldämm-Maße von Massivdecken, die diese Einflüsse berücksichtigen, enthält Tafel 31.

Tafel 31: Bewertetes Schalldämm-Maß $R'_{w,R}$[1] von Massivdecken, Rechenwerte nach DIN 4109 Beiblatt 1

Spalte	1	2	3	4	5
		$R'_{w,R}$ dB[2]			
Zeile	Flächenbezogene Masse der Decke[3] kg/m²	Einschalige Massivdecke, Estrich und Gehbelag unmittelbar aufgebracht	Einschalige Massivdecke mit schwimmendem Estrich[4]	Massivdecke mit Unterdecke[5], Gehbelag und Estrich unmittelbar aufgebracht	Massivdecke mit schwimmendem Estrich und Unterdecke[5]
1	500	55	59	59	62
2	450	54	58	58	61
3	400	53	57	57	60
4	350	51	56	56	59
5	300	49	55	55	58
6	250	47	53	53	56
7	200	44	51	51	54
8	150	41	49	49	52

[1] Zwischenwerte sind linear zu interpolieren.
[2] Gültig für flankierende Bauteile mit einer mittleren flächenbezogenen Masse $m'_{L, Mittel}$ von etwa 300 kg/m². Weitere Bedingungen für die Gültigkeit der Tafel 31 siehe Abschnitt 2.3.2.1.
[3] Die Masse von aufgebrachten Verbundestrichen oder Estrichen auf Trennschicht und vom unterseitigen Putz ist zu berücksichtigen.
[4] Und andere schwimmend verlegte Deckenauflagen, z. B. schwimmend verlegte Holzfußböden, sofern sie ein Trittschallverbesserungsmaß ΔL_w (VM) $\geq$ 24 dB haben.
[5] Biegeweiche Unterdecke oder akustisch gleichwertige Ausführungen.

2.3.2.3 Luftschalldämmung von Außenbauteilen

Für die Luftschalldämmung massiver Außenwände, Decken und Dächer gelten nach DIN 4109 folgende Regelungen:

Für einschalige Bauteile können die $R'_{w,R}$-Werte entsprechend ihrem Flächengewicht Tafel 25 entnommen werden. Bei Flachdächern darf das Gewicht der Kiesschüttung zum Flächengewicht des Daches gerechnet werden.

Bei zweischaligen Außenwänden mit Luftschicht wird der $R'_{w,R}$-Wert aus der Summe der Flächengewichte beider Schalen ermittelt. Der so gewonnene Wert darf um 5 dB erhöht werden. Ist das Flächengewicht der an die innere Schale der Außenwand anschließenden Zwischenwand um 50% höher als dasjenige der inneren Außenwandschale, darf der $R'_{w,R}$-Wert um 8 dB erhöht werden.

Bei Sandwichelementen aus Beton mit einer Dämmschicht aus Hartschaumstoffen ergibt sich ihr $R'_{w,R}$-Wert aus dem Flächengewicht beider Schalen abzüglich 2 dB.

Bei Außenwänden mit Außenwandbekleidungen nach DIN 18 515, Teil 1 Außenwandbekleidungen angemörtelt und DIN 18 516 Außenwandbekleidungen hinterlüftet und vergleichbaren Dächern wird nur das Flächengewicht der inneren Schale berücksichtigt.

Bei der Ermittlung des resultierenden Schalldämm-Maßes eines aus Elementen unterschiedlicher Schalldämmung bestehenden Bauteils (Wand und Fenster) ist das geringere Einzeldämm-Maß ausschlaggebend. Dieses soll das erforderliche resultierende Schalldämm-Maß erf. $R'_{w,res}$ bei einem mittleren Fensterflächenanteil (20 bis 60%) um nicht mehr als 5 dB unterschreiten (siehe Tafel 51).

2.3.3 Trittschalldämmung

Für den Trittschallschutz zwischen zwei Räumen sind neben dem bewerteten Normtrittschallpegel $L'_{n,w}$ (Tafel 24) noch folgende Größen der Trittschalldämmung der trennenden Massivdecke bzw. der Treppen wichtig:

$L_{n,w,eq}$ = Äquivalenter bewerteter Normtrittschallpegel zur Kennzeichnung von Decken ohne Deckenauflage. Bisher TSM_{eq} = äquivalentes Trittschallschutzmaß. Es gilt: $L_{n,w,eq} = 63\text{-}TSM_{eq}$ (dB)

ΔL_w = Trittschallverbesserungsmaß der Deckenauflage. Bisher VM = Verbesserungsmaß. Es gilt: ΔL_w = VM (dB)

2.3.3.1 Massivdecken

Die Trittschalldämmung einer fertigen Decke wird aus der Summe der Trittschalldämmung der Massivdecke allein und dem Trittschallverbesserungsmaß der Deckenauflage ermittelt. Der bewertete Normtrittschallpegel bzw. das Trittschallschutzmaß für einen unter einer Decke liegenden Raum wird wie folgt berechnet:

bzw.

$$L'_{n,w,R} = L_{n,w,eq,R} - \Delta L_{w,R}$$

$$TSM_R = TSM_{eq,R} + VM_R.$$

Zur Erfassung von Ungenauigkeiten muß der so ermittelte Wert bei $L'_{n,w}$ um mindestens 2 dB niedriger (bei TSM um mindestens 2 dB höher) sein als die Anforderung nach DIN 4109.

Tafel 32: Äquivalenter bewerteter Normtrittschallpegel $L_{n,w,eq,R}$ (äquivalentes Trittschallschutzmaß $TSM_{eq,R}$) von Massivdecken in Gebäuden in Massivbauart ohne/mit biegeweicher Unterdecke, Rechenwerte nach Beiblatt zu DIN 4109

Spalte	1	2	3	4
Zeile	Deckenart	Flächenbezogene Masse[1] der Massivdecke ohne Auflage kg/m²	$L_{n,w,eq,R}$[2] $(TSM_{eq,R})$[2] dB ohne Unterdecke	mit Unterdecke[3][4]
1	Stahlbetonvollplatten aus	135	86 (−23)	75 (−12)
2	– Normalbeton nach DIN 1045	160	85 (−22)	74 (−11)
3	– Leichtbeton nach DIN 4219 Teil 1	190	84 (−21)	74 (−11)
4	– Bewehrter Porenbeton nach DIN 4223	225	82 (−19)	73 (−10)
5	– Massivdecken mit Hohlräumen nach DIN 1045	270	79 (−16)	73 (−10)
6	– Stahlsteindecken	320	77 (−14)	72 (−9)
7	– Stahlbeton-Rippendecken	380	74 (−11)	71 (−8)
8	– Stahlbeton-Hohldielen	450	71 (−8)	69 (−6)
9	– Stahlbeton-Balkendecken	530	69 (−6)	67 (−4)

[1] Flächenbezogene Masse einschließlich eines etwaigen Verbundestrichs oder Estrichs auf Trennschicht und eines unmittelbar aufgebrachten Putzes.

[2] Zwischenwerte sind gradlinig zu interpolieren und auf ganze dB zu runden.

[3] Biegeweiche Unterdecke (z. B. Gipskartonplatten nach DIN 18180, Dicke 12,5 mm oder 15 mm auf Grund- und Traglattung, schallabsorbierende Mineralwolle-Auflage, Dicke $\geq$ 40 mm).

[4] Bei Verwendung von schwimmenden Estrichen mit mineralischen Bindemitteln sind die Tafelwerte für $L_{n,w,eq,R}$ um 2 dB zu erhöhen (beim $TSM_{eq,R}$ um 2 dB abzumindern), z. B. Zeile 1, Spalte 4: 75 + 2 = 77 dB (− 12 − 2 = − 14 dB).

Tafel 32 enthält äquivalente bewertete Normtrittschallpegel $L_{n,w,eq,R}$ ($TSM_{eq,R}$) für Massivdecken ohne Deckenauflage.

Beispiele für Trittschallverbesserungsmaße $\Delta L_{w,R}$ (VM_R) von schwimmenden Estrichen enthält Tafel 33.

Tafel 33: Trittschallverbesserungsmaß $\Delta L_{w,R}$ (VM_R) von schwimmenden Estrichen, Rechenwerte nach Beiblatt zu DIN 4109

Spalte	1	2	3
		$\Delta L_{w,R}$ (VM_R) dB	
Zeile	Schwimmende Estriche	mit hartem Bodenbelag	mit weichfederndem Bodenbelag[1] $\Delta L_{w,R} \geqq 20$ dB ($VM_R \geqq 20$ dB)
1	Gußasphaltestriche nach DIN 18 560 Teil 2 (z. Z. Entwurf) mit einer flächenbezogenen Masse m' $\geqq 45$ kg/m² auf Dämmschichten aus Dämmstoffen nach DIN 18 164 Teil 2 oder DIN 18 165 Teil 2 mit einer dynamischen Steifigkeit s' von höchstens		
	50 MN/m³	20	20
	40 MN/m³	22	22
	30 MN/m³	24	24
	20 MN/m³	26	26
	15 MN/m³	27	29
	10 MN/m³	29	32
2	Estriche nach DIN 18 560 Teil 2 (z. Z. Entwurf) mit einer flächenbezogenen Masse m' $\geqq 70$ kg/m² auf Dämmschichten aus Dämmstoffen DIN 18 164 Teil 2 oder DIN 18 165 Teil 2 mit einer dynamischen Steifigkeit s' von höchstens		
	50 MN/m³	22	23
	40 MN/m³	24	25
	30 MN/m³	26	27
	20 MN/m³	28	30
	15 MN/m³	29	33
	10 MN/m³	30	34

[1] Wegen der möglichen Austauschbarkeit von weichfedernden Bodenbelägen, die sowohl dem Verschleiß als auch besonderen Wünschen der Bewohner unterliegen, dürfen diese bei dem Nachweis der Anforderungen nach DIN 4109 nicht angerechnet werden.

Wird ein weich federnder Bodenbelag auf einen schwimmenden Estrich aufgebracht, dann ist als Trittschallverbesserungsmaß nur der höhere Wert (Tafel 33, Spalte 3) zum Nachweis der Anforderungen nach DIN 4109 anzusetzen. Damit wird berücksichtigt, daß weich federnde Bodenbeläge dem Verschleiß sowie besonderen Wünschen der Bewohner unterliegen und daher ausgetauscht werden können. Zur Erfüllung erhöhter Anforderungen an die Trittschalldämmung der Decken sind solche Beläge selbstverständlich wirksam.

Schwimmende Estriche verbessern die Luft- und die Trittschalldämmung einer Massivdecke, weich federnde Bodenbeläge dagegen lediglich die Trittschalldämmung.

2.3.3.2 Massive Treppenläufe und -podeste

Die Trittschalldämmung von Treppen bezogen auf einen unmittelbar angrenzenden Raum ist abhängig von der Ausführung und Lagerung der Treppenläufe und -podeste, der Ausbildung der Treppenraumwand und der Verbindung zwischen Treppe und Wand. Tafel 34 enthält in Spalte 3 Angaben über bewertete Normtrittschallpegel $L'_{n,w,R}$ (TSM_R). Diese Werte sind anzuwenden, wenn kein trittschalldämmender Gehbelag bzw. kein schwimmender Estrich aufgebracht wird. Wird dagegen ein solcher Belag oder Estrich aufgebracht, ist für die Berechnung der Trittschalldämmung der fertigen Treppe der äquivalente bewertete Normtrittschallpegel $L_{n,w,eq,R}$ ($TSM_{eq,R}$) aus Spalte 2 der Tafel 34 zu verwenden. Wie bei den Decken errechnet sich dann der bewertete Normtrittschallpegel $L'_{n,w,R}$ (TSM_R) als Summe aus der Trittschalldämmung der Treppenläufe und -podeste allein und den Trittschallverbesserungsmaßen der Estriche und Beläge.

Eine besonders günstige Trittschalldämmung von Treppen läßt sich erreichen, wenn die Treppenläufe von der Treppenraumwand abgesetzt, die Haustrennwände zweischalig ausgeführt und die Treppenläufe elastisch auf den Podesten gelagert werden.

2.4 Brandschutz

Insgesamt zählt der Brandschutz zu den Belangen des öffentlichen Interesses. Deshalb werden die notwendigen baulichen Brandschutzanforderungen gesetzlich vorgeschrieben und die Einhaltung der notwendigen baulichen Maßnahmen bauaufsichtlich überwacht. Dies erfolgt vor allem aus Gründen des Personenschutzes, aber auch aus Sachschutzgründen, die sich aus der Verpflichtung des Staates gegenüber dem Eigentum des Einzelnen ergeben. Zunehmend spielt die Umweltvorsorge eine Rolle.

2.4.1 Klassifizierung von Bauteilen

DIN 4102 „Brandverhalten von Baustoffen und Bauteilen" ist die grundlegende Brandschutzvorschrift für die Beurteilung und Anwendung der im

Tafel 34: Äquivalenter bewerteter Normtrittschallpegel $L_{n,w,eq,R}$ (Trittschallschutz-maß $TSM_{eq,R}$) und bewerteter Normtrittschallpegel $L'_{n,w,R}$ (Trittschallschutzmaß TSM_R) für verschiedene Ausführungen von massiven Treppenläufen und Treppenpodesten unter Berücksichtigung der Ausbildung der Treppenraumwand, Rechenwerte nach Beiblatt zu DIN 4109

Spalte	1	2	3
Zeile	Treppen und Treppenraumwand	$L_{n,w,eq,R}$ $(TSM_{eq,R})$ dB	$L'_{n,w,R}$ (TSM_R) dB
1	Treppenpodest[1], fest verbunden mit einschaliger biegesteifer Treppenraumwand (flächenbezogene Masse $\geqq 380$ kg/m²)	66 (−3)	70 (−7)
2	Treppenlauf[1], fest verbunden mit einschaliger, biegesteifer Treppenraumwand (flächenbezogene Masse $\geqq 380$ kg/m²)	61 (+2)	65 (−2)
3	Treppenlauf[1], abgesetzt von einschaliger, biegesteifer Treppenraumwand	58 (+5)	58 (+5)
4	Treppenpodest[1], fest verbunden mit Treppen-raumwand und durchgehender Gebäudetrennfuge nach Abschnitt 2.3	$\leqq 53$ $(\geqq +10)$	$\leqq 50$ $(\geqq +13)$
5	Treppenlauf[1], abgesetzt von Treppenraumwand und durchgehender Gebäudetrennfuge nach Abschnitt 2.3	$\leqq 46$ $(\geqq +17)$	$\leqq 43$ $(\geqq +20)$
6	Treppenlauf[1], abgesetzt von Treppenraumwand und durchgehender Gebäudetrennfuge nach Abschnitt 2.3, auf Treppenpodest elastisch gelagert	38 (+25)	42 (+21)

[1] Gilt für Stahlbetonpodest oder -treppenlauf mit einer Dicke $d \geqq 120$ mm.

Bauwesen verwendeten Materialien im Hinblick auf ihr Verhalten im Brand-fall. Für die bauausführende Praxis ist Teil 4 – der Katalog der klassifizierten Baustoffe und Bauteile – der wichtigste. Die übrigen Teile sind im Prinzip Prüf- und Klassifizierungsnormen.

Nach Teil 1 werden die Baustoffe hinsichtlich ihres Brandverhaltens entsprechend Tafel 35 klassifiziert.

Teil 2 regelt die Klassifizierung der Bauteile. Die Einteilung erfolgt entsprechend der in der Norm Brandprüfung ermittelten Feuerwiderstandsdauer in die fünf Feuerwiderstandsklassen F 30, F 60, F 90, F 120 und F 180. Das bedeutet, daß das jeweils klassifizierte Bauteil während einer Zeitspanne von mehr als 30, 60, 90, 120 und 180 Minuten den Temperatur- und Festigkeitsbeanspruchungen des Brandversuchs widersteht.

Tafel 35: Einteilung der Baustoffklassen nach DIN 4102 Teil 1 mit Beispielen

Baustoff-klasse	Bauaufsichtliche Benennung	Signifikante Beispiele
A A 1 A 2	nichtbrennbare Baustoffe	Beton, Mörtel, Porenbeton, Stahl Gipskartonplatten
B B 1 B 2 B 3	brennbare Baustoffe schwerentflammbare Baustoffe normalentflammbare Baustoffe leichtentflammbare Baustoffe	Holzwolle-Leichtbauplatten Holz mit $\varrho \geq 400$ kg/m^3, ≥ 2 mm dick Papier

Bei der Bauteilklassifizierung gemäß Teil 2 wird nicht nur hinsichtlich der Feuerwiderstandsklasse unterschieden, sondern es wird auch eine Einstufung nach den Baustoffklassen der wesentlichen Bestandteile des Bauteils, z. B. der tragenden oder aussteifenden, und der übrigen Bestandteile vorgenommen. Damit ergibt sich das in Tafel 36 am Beispiel der Klasse F 90 aufgeführte Abstufungs- und Benennungssystem.

Tafel 36: Klassifizierung von Bauteilen entsprechend DIN 4102 Teil 2, Tabelle 2, gezeigt am Beispiel für die Feuerwiderstandsklasse F 90

Feuerwider-standsklasse	Baustoffklasse nach DIN 4102 Teil 1		Benennung	Kurz-bezeichnung
	wesentliche Teile[1]	übrige Bestandteile	Bauteile der ...	
F 90	B	B	Feuerwiderstandsklasse F 90	F 90-B
	A	B	Feuerwiderstandsklasse F 90 und in den wesentlichen Bestandteilen aus nicht-brennbaren Baustoffen[1]	F 90-AB
	A	A	Feuerwiderstandsklasse F 90 und aus nichtbrennbaren Baustoffen	F 90-A

[1] Zu den wesentlichen Teilen gehören:
  a) alle tragenden oder aussteifenden Teile, bei nichttragenden Bauteilen auch die Bauteile, die deren Standsicherheit bewirken (z. B. Rahmenkonstruktionen von nichttragenden Wänden).
  b) bei raumabschließenden Bauteilen eine in Bauteilebene durchgehende Schicht, die bei der Prüfung nach dieser Norm nicht zerstört werden darf. Bei Decken muß diese Schicht eine Gesamtdicke von mindestens 50 mm besitzen; Hohlräume im Innern dieser Schicht sind zulässig.

2.4.2 Zuordnung und Benennung

Die Zuordnung der Bauteilklassen nach DIN 4102 zu den Begriffen in den Bauordnungen, wie „feuerhemmend" oder „feuerbeständig", enthält Tafel 37.

Tafel 37: Zuordnung der bauaufsichtlichen Benennungen und der Benennungen nach DIN 4102 Teil 2 für Bauteile

Bauaufsichtliche Benennung	Benennung nach DIN 4102 Teil 2	Kurzbezeichnung
feuerhemmend	Feuerwiderstandsklasse F 30	F 30-B
feuerhemmend und in den tragenden Teilen aus nichtbrennbaren Baustoffen	Feuerwiderstandsklasse F 30 und in den wesentlichen Teilen aus nichtbrennbaren Baustoffen	F 30-AB
feuerhemmend und aus nichtbrennbaren Baustoffen	Feuerwiderstandsklasse F 30 und aus nichtbrennbaren Baustoffen	F 30-A
feuerbeständig	Feuerwiderstandsklasse F 90 und in den wesentlichen Teilen aus nichtbrennbaren Baustoffen	F 90-AB
feuerbeständig und aus nichtbrennbaren Baustoffen	Feuerwiderstandsklasse F 90 und aus nichtbrennbaren Baustoffen	F 90-A

3 Vorschriften und Empfehlungen

3.1 Wärmeschutz im Winter

In den Vorschriften für den Wärmeschutz im Winter sind Mindestanforderungen an einzelne Bauteile und an die wärmetauschende Hülle ganzer Gebäude zahlenmäßig festgelegt. Sie beziehen sich sowohl auf Neubauten als auch auf bauliche Veränderungen am Gebäudebestand und gelten für Gebäude, die zum Aufenthalt von Menschen dienen bzw. nach ihrem üblichen Verwendungs-

Tafel 38: Mindestwerte der Wärmedurchlaßwiderstände $1/\Lambda$ und Maximalwerte der Wärmedurchgangskoeffizienten k von Bauteilen mit einer flächenbezogenen Masse von $\geqq 300$ kg/m² nach DIN 4108, Teil 2

Spalte		1	2		3	
			2.1	2.2	3.1	3.2
Zeile		Bauteile	Wärmedurchlaßwiderstand $1/\Lambda$		Wärmedurchgangskoeffizient k	
			im Mittel	an der ungünstigsten Stelle	im Mittel	an der ungünstigsten Stelle
			m²K/W		W/m²K	
1	1.1	Außenwände	allgemein	0,55		1,39	
	1.2		für kleinflächige Einzelbauteile (z. B. Pfeiler) bei Gebäuden mit einer Höhe des Erdgeschoßfußbodens) (1. Nutzgeschoß) ≤ 500 m über NN	0,47		1,56	
	1.3		mit hinterlüfteten Fassaden	0,55		1,32	
	1.4		an das Erdreich grenzend	0,55		1,47	
2	2.1	Wohnungstrennwände u. Wände zwischen fremden Arbeitsräumen	in nicht zentralbeheizten Gebäuden	0,25		1,96	
	2.2		in zentralbeheizten Gebäuden	0,07		3,03	

Tafel 38: Fortsetzung

Spalte			1	2		3	
				2.1	2.2	3.1	3.2
				Wärmedurchlaßwiderstand 1/Λ		Wärmedurchgangskoeffizient k	
Zeile			Bauteile	im Mittel	an der ungünstigsten Stelle	im Mittel	an der ungünstigsten Stelle
				m²K/W		W/m²K	
3			Treppenraumwände und Wände zu dauernd unbeheizten Räumen	0,25		1,96	
4	4.1	Wohnungstrenndecken u. Decken zwischen fremden Arbeitsräumen[1]	allgemein, Wärmestrom von unten nach oben	0,35		1,64	
			oben nach unten			1,45	
	4.2		in zentralbeheizten Bürogebäuden, Wärmestrom von unten nach oben	0,17		2,33	
			oben nach unten			1,96	
5	5.1	Unterer Abschluß nicht unterkellerter Aufenthaltsräume[1]	unmittelbar an das Erdreich grenzend	0,90		0,93	
	5.2		über einen nicht belüfteten Hohlraum an das Erdreich grenzend			0,81	
6			Decken unter nicht ausgebauten Dachräumen[1]	0,90	0,45	0,90	1,52
7			Kellerdecken und Decken zu dauernd unbeheizten Räumen[1]	0,90	0,45	0,81	1,27
8	8.1	Decken, die Aufenthaltsräume gegen die Außenluft abgrenzen[1]	nach unten, einschl. beheizter Garagen	1,75	1,30	0,51	0,66
	8.2		nach oben, einschl. Dächer und Decken unter Terrassen	1,10	0,80	0,79	1,03
	8.3		wie Zeile 8.1, aber hinterlüftet	1,75	1,30	0,50	0,65

[1] Bei schwimmenden Estrichen ist für den rechnerischen Nachweis der Wärmedämmung die Dicke der Dämmschicht im belasteten Zustand anzusetzen.

zweck über einen längeren Zeitraum beheizt werden. Die Vorschriften und Empfehlungen schaffen die Voraussetzung für ein gesundes Wohnen und zielen auf eine möglichst hohe Einsparung an Heizenergie im Winter. Den Zielen entsprechend kann man von Mindestwärmeschutz, energiesparendem, umweltschonendem und hygienischem Wärmeschutz sprechen. Begriffe, wie Vollwärmeschutz oder Höchstwärmeschutz, lassen sich nicht klar abgrenzen; sie sind deshalb abzulehnen.

3.1.1 Norm-Anforderungen

Für Räume, die zum dauernden Aufenthalt von Menschen dienen und ihrer Bestimmung nach auf normale Innentemperaturen beheizt werden, legt die DIN 4108 „Wärmeschutz im Hochbau" die in den Tafeln 38 und 39 wieder-

Tafel 39: Mindestwerte der Wärmedurchlaßwiderstände $1/\Lambda$ und Maximalwerte der Wärmedurchgangskoeffizienten k für Außenwände, Decken unter nicht ausgebauten Dachräumen und Dächer mit einer flächenbezogenen Gesamtmasse unter 300 kg/m² nach DIN 4108, Teil 2

Flächenbezogene Masse der raumseitigen Bauteilschichten[1][2] kg/m²	Wärmedurchlaßwiderstand des Bauteils $1/\Lambda$[1][2] m²K/W	Wärmedurchgangskoeffizient des Bauteils k[1][2] W/m²K	
		Bauteile mit nicht hinterlüfteter Außenhaut	Bauteile mit hinterlüfteter Außenhaut
0	1,75	0,52	0,51
20	1,40	0,64	0,62
50	1,10	0,79	0,76
100	0,80	1,03	0,99
150	0,65	1,22	1,16
200	0,60	1,30	1,23
300	0,55	1,39	1,32

[1] Als flächenbezogene Masse sind in Rechnung zu stellen:
 – bei Bauteilen mit Dämmschicht die Masse derjenigen Schichten, die zwischen der raumseitigen Bauteiloberfläche und der Dämmschicht angeordnet sind. Als Dämmschicht gilt hier eine Schicht mit $\lambda_R \leq 0,1$ W/mK und $1/\Lambda \geq 0,25$ m²K/W.
 – bei Bauteilen ohne Dämmschicht (z.B. Mauerwerk) die Gesamtmasse des Bauteils.
 Werden die Anforderungen nach Tafel 32 bereits von einer oder mehreren Schichten des Bauteils – und zwar unabhängig von ihrer Lage – (z.B. bei Vernachlässigung der Masse und des Wärmedurchlaßwiderstandes einer Dämmschicht) erfüllt, so braucht kein weiterer Nachweis geführt zu werden.
 Holz und Holzwerkstoffe dürfen näherungsweise mit dem 2fachen Wert ihrer Masse in Rechnung gestellt werden.
[2] Zwischenwerte dürfen geradlinig interpoliert werden.

gegebenen Grenzwerte für den Wärmeschutz der einzelnen Bauteile fest. Diese Anforderungen sollen Feuchtigkeitsschäden am Baukörper verhindern, seinen Bestand sichern und den Bewohnern eine hygienisch einwandfreie Lebensweise ermöglichen.

3.1.2 Wärmeschutzverordnung

Auf der Grundlage des Gesetzes zur Einsparung von Energie in Gebäuden aus dem Jahr 1976 entstand die erste Wärmeschutzverordnung 1977. Sie wurde 1982 mit verschärften Anforderungen neu gefaßt. Am 1. Januar 1995 trat eine überarbeitete Fassung mit teilweise neuen Ansätzen und Nachweisverfahren in Kraft. Sie verschärft die Anforderungen an den baulichen Wärmeschutz gegenüber ihrer Vorgängerin um etwa 30%. Eine Erhöhung der Anforderungen um weitere 30 bis 35% ist für 1999 angekündigt. Die derzeit gültige Fassung regelt die in Bild 31 dargestellten Anwendungsbereiche.

3.1.2.1 Neubauten mit normalen Innentemperaturen

Das sind Neubauten, die nach ihrem üblichen Verwendungszweck auf mindestens 19 °C beheizt werden. Hier sind die wichtigsten inhaltlichen und methodi-

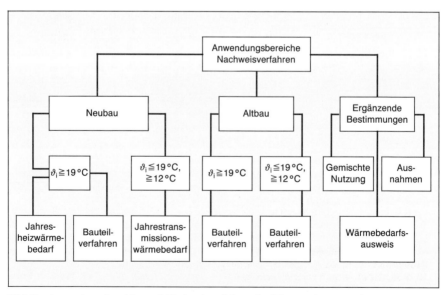

Bild 31: Anwendungsbereiche und Nachweisverfahren der Wärmeschutzverordnung

schen Änderungen gegenüber der bisherigen Fassung erfolgt. Diese Gebäudegruppe stellt auch den weitaus größten Teil der von der Wärmeschutzverordnung erfaßten Hochbauten dar, wie Wohngebäude, Büro- und Verwaltungsgebäude, Krankenhäuser und Schulen.

In Abhängigkeit vom Verhältnis der wärmetauschenden Hüllfläche A zum dadurch umschlossenen Volumen V eines Gebäudes wird der Jahresheizwärmebedarf Q_H je m^3 beheiztes Volumen bzw. je m^2 beheizte Fläche nach oben begrenzt. Die Anforderungen enthält Tafel 40.

Mit einem vorgeschriebenen Rechenverfahren und einheitlichen, für die ganze Bundesrepublik festgelegten Randbedingungen sind diese Anforderungen nachzuweisen. Dabei werden die Wärmeverluste durch die Außenbauteile Q_T und die Lüftung Q_L mit den Wärmegewinnen aus Haushaltsgeräten, Beleuchtung oder Wärmeabgabe von Menschen und Tieren Q, sowie aus der Sonneneinstrahlung Q_S bilanziert nach dem Zusammenhang:

$$Q_H = 0,9\,(Q_T + Q_L) - (Q_I + Q_S)\ \text{kWh/a}$$

Bauphysikalische Zusammenhänge, Randbedingungen und Rechengänge sind in Kapitel 2.1.4 Heizwärmebedarf enthalten.

Tafel 40: Maximale Werte des auf das beheizte Bauwerksvolumen oder die Gebäudenutzfläche A_N bezogenen Jahres-Heizwärmebedarfs in Abhängigkeit vom Verhältnis A/V

A/V	Maximaler Jahres-Heizwärmebedarf	
	bezogen auf V Q'_H [1]	bezogen auf A_N Q''_H [2]
in m^{-1}	in kWh/m$^3 \cdot$ a	in kWh/m$^2 \cdot$ a
1	2	3
≤0,2	17,3	54,0
0,3	19,0	59,4
0,4	20,7	64,8
0,5	22,5	70,2
0,6	24,2	75,6
0,7	25,9	81,1
0,8	27,7	86,5
0,9	29,4	91,9
1,0	31,1	97,3
≥1,05	32,0	100,0

[1] Zwischenwerte sind nach folgender Gleichung zu ermitteln:
$Q'_H = 13,82 + 17,32\,(A/V)$ in kWh/m$^3 \cdot$ a.

[2] Zwischenwerte sind nach folgender Gleichung zu ermitteln:
$Q''_H = Q'_H/0,32$ in kWh/m$^2 \cdot$ a.

Rechenbeispiel

Als Beispiel für den Nachweis des baulichen Wärmeschutzes nach der neuen Wärmeschutzverordnung wird ein Einfamilienhaus – Bungalow mit Flachdach – gewählt. Abmessungen und Flächenermittlung zeigt Bild 32. Die gewählten Bauteile mit der Berechnung der dazugehörigen k-Werte sowie den eigentlichen Nachweis enthalten die Vordrucke der Tafel 41. Dabei wurden

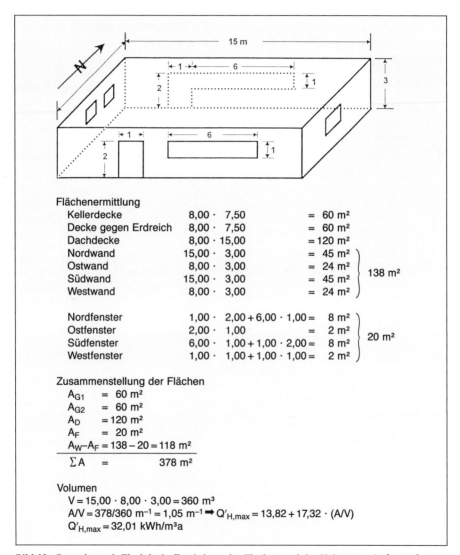

Flächenermittlung

Kellerdecke	8,00 · 7,50	= 60 m²	
Decke gegen Erdreich	8,00 · 7,50	= 60 m²	
Dachdecke	8,00 · 15,00	= 120 m²	
Nordwand	15,00 · 3,00	= 45 m²	
Ostwand	8,00 · 3,00	= 24 m²	138 m²
Südwand	15,00 · 3,00	= 45 m²	
Westwand	8,00 · 3,00	= 24 m²	
Nordfenster	1,00 · 2,00 + 6,00 · 1,00 =	8 m²	
Ostfenster	2,00 · 1,00 =	2 m²	20 m²
Südfenster	6,00 · 1,00 + 1,00 · 2,00 =	8 m²	
Westfenster	1,00 · 1,00 + 1,00 · 1,00 =	2 m²	

Zusammenstellung der Flächen

A_{G1} = 60 m²
A_{G2} = 60 m²
A_D = 120 m²
A_F = 20 m²
$A_W–A_F$ = 138 – 20 = 118 m²
ΣA = 378 m²

Volumen

$V = 15,00 · 8,00 · 3,00 = 360$ m³
$A/V = 378/360$ m⁻¹ $= 1,05$ m⁻¹ ➡ $Q'_{H,max} = 13,82 + 17,32 · (A/V)$
$Q'_{H,max} = 32,01$ kWh/m³a

Bild 32: Bungalow mit Flachdach, Ermittlung der Flächen und des Volumens, Außenmaße

Tafel 41: Nachweis des baulichen Wärmeschutzes nach WSchV 1995

Berechnung des Jahresheizwärmebedarfes nach der Formel $Q_H = 0,9 \ (Q_T + Q_L) - (Q_I + Q_S)$, normale Innentemperaturen

1. Tabellarische Ermittlung des Transmissionswärmebedarfs Q_T:
$$Q_T = 84 \ (k_W \ A_W + k_F \ A_F + 0,8 \ k_D \ A_D + 0,5 \ k_G \ A_G + k_{DL} \ A_{DL} + 0,5 \ k_{AB} \ A_{AB})$$

	Bauteil – Aufbau	Bauteildicke s [m]	Wärmeleitfähigkeit λ [W/mK]	s/λ [m²K/W]	1/αi + 1/αa	k-Wert k [W/m²K]	Fläche A [m²]	Bauteil-Faktor z [-]	k×A×z [W/K]
W	Innenputz	0,015	0,70	0,02					
	LB-Mauerwerk, $\varrho = 0,5$ t/m³	0,30	0,13	2,31					
	Außenputz	0,02	0,87	0,02					
	Wärmeübergangswiderstand: 0,13 (Erdreich); 0,17 (allg.); 0,21 (hinterlüftet)			2,35	0,17	0,40	118	1,0	47,2
W									
	Wärmeübergangswiderstand: 0,13 (Erdreich); 0,17 (allg.); 0,21 (hinterlüftet)							1,0	
G_1	Stahlbeton	0,18	2,1	0,09					
	Wärmedämmung	0,08	0,035	2,29					
	Zementestrich	0,04	1,4	0,03					
	Wärmeübergangswiderstand: 0,17 (Erdreich); 0,34 (mit Hohlraum)			2,41	0,34	0,36	60	0,5	10,8
D	Stahlbeton	0,18	2,1	0,09					
	Wärmedämmung	0,10	0,035	2,86					
	Kies 0/32	0,20							
	Wärmeübergangswiderstand: 0,21 (bei Flachdach 0,17)			2,95	0,17	0,32	120	0,8	30,7
G_2	Stahlbeton	0,18	2,1	0,09					
	Wärmedämmung	0,08	0,035	2,29					
	Zementestrich	0,04	1,4	0,03					
	Wärmeübergangswiderstand: z. B. 0,26 (zu unbeheizten Räumen)			2,41	0,17	0,39	60	0,5	11,7

F	Rahmenmaterial:	südorientiert	$k_F = 1,7$	$g = 0,65$	$S_F = 2,40$	$k_{eq, Fs} =$	8	1,0	13,6[*]
		o/w-orientiert	$k_F = 1,7$	$g = 0,65$	$S_F = 1,65$	$k_{eq, Fow} =$	4	1,0	6,8[*]
	Verglasungsart:	nordorientiert	$k_F = 1,7$	$g = 0,65$	$S_F = 0,95$	$k_{eq, Fn} =$	8	1,0	13,6[*]

$k_{eq, F} = k_F - g \times S_F$

$k_{m, Feq} = (k_{eq, Fi} \times A_i)/ges \ A_F =$ 134,4 [1]

wärmeübertragende Fläche A [m²] =   378 [2]

Transmissionswärmebedarf Q_T [kWh/a] =   11 290 [3]

[*] Wird k × A × z mittels k_F berechnet, müssen die Solarenergiegewinne unter Punkt 4 ermittelt werden.
Wird k × A × z mittels $k_{eq, F}$ errechnet, dann entfällt die Berechnung unter Punkt 4.

(3) = 84 × (1)

Tafel 41: Fortsetzung

2. Berechnung des Lüftungswärmebedarfs Q_L

$Q_L = 0,34 \times 0,8 \times 84 \, V_L$ mit $V_L = 0,80 \times V$

und $V \, [m^3] =$ $\boxed{360}$ $^{(4)}$

$Q_L \, [kWh/a] = 18,28 \times \boxed{360} \times \boxed{1,0} = \boxed{6581}$ $^{(5)}$

Vol. aus (4)

(WRG-Faktor)

3. Berechnung der internen Wärmegewinne Q_I

Die internen Wärmegewinne $Q_I \, [kWh/a]$ betragen:
$Q_I = 10 \times V \, [kWh/a]$ (Büro- und Verwaltungsgeb.)
$Q_I = 8 \times V \, [kWh/a]$ (Wohngebäude)

$Q_I \, [kWh/a] = \qquad V \times \boxed{8} = \boxed{2880}$ $^{(6)}$

(z. B. Faktor 8 oder 10)

4. Berechnung der nutzbaren solaren Wärmegewinne Q_S

Südfenster: $\quad Q_{S,\,s} \quad [kWh/a] = 0,46 \times 400 \times g_F \times A_{F,\,s} = \boxed{957}$

Ost-/Westfenster: $Q_{S,\,o/w} \, [kWh/a] = 0,46 \times 275 \times g_F \times A_{F,\,o/w} = \boxed{329}$

Nordfenster: $\quad Q_{S,\,n} \quad [kWh/a] = 0,46 \times 160 \times g_F \times A_{F,\,n} = \boxed{383}$

Q_S gesamt $[kWh/a] \qquad = \boxed{1669}$ $^{(7)}$

5. Berechnung des Jahresheizwärmebedarfs Q_H

$Q_H \, [kWh/a] = 0,9 \, (Q_T + Q_I) - (Q_I + Q_S) \qquad = \boxed{11\,535}$ $^{(8)}$

$ (3) \quad\;\; (5) \qquad\;\; (6) \quad\;\; (7)$

6. Vergleich mit den Anforderungen

zulässiger Heizwärmebedarf Q'_H bezogen auf das Volumen nach WSchV 1994:

für $0,20 \le A/V \le 1,05$: zul $Q'_H \, [kWh/m^3a] = 13,82 + 17,32 \, A/V \qquad = \boxed{32,0}$

$A/V = \boxed{1,05}$ $\hspace{10em}$ (2)/(4)

unter 5. ermittelter Jahresheizwärmebedarf, bezogen auf das Volumen ergibt:

vorh $Q'_H \, [kWh/m^3a] = Q_H/V \qquad\qquad = \boxed{32,0}$

$\hspace{9.5em}$ (8)/(4)

Die Anforderungen der Wärmeschutzverordnung sind erfüllt/sind nicht erfüllt.

94

im Gegensatz zum Berechnungsbeispiel in Kapitel 2.1.4.4 die nutzbaren solaren Wärmegewinne gesondert ermittelt und nicht über die äquivalenten k-Werte der Fenster. Als Fenster wurden Holzrahmen mit Pyrolyseschutzverglasung gewählt:

$$k_F = 1,7 \text{ W/m}^2 \text{ K}, \ g = 0,65.$$

Das Rechenbeispiel zeigt, daß der neue Nachweis nur geringfügige Ergänzungen erforderlich macht im Vergleich zum bisherigen k_m-Verfahren. Nach wie vor sind k-Werte die Basisgrößen. Das neue Nachweisverfahren kann ohne elektronische Datenverarbeitung durchgeführt werden. Der zusätzliche Rechenaufwand ist unbedeutend.

Architekten sind dadurch nach wie vor beim Entwurf in ihrer gestalterischen Freiheit nicht eingeengt. Stark gegliederte Baukörper oder große Fensterflächen bis hin zu Ganzglasfassaden sind möglich. Wie bisher kann dies allerdings im Vergleich zu kompakten Baukörpern oder kleineren Fensterflächen zu höheren Anforderungen an den Wärmeschutz der Bauteile und damit bei ungünstiger Gebäudegeometrie zu höheren Baukosten führen.

Tafel 42: Anforderungen an den Wärmedurchgangskoeffizienten für einzelne Außenbauteile der wärmeübertragenden Umfassungsfläche A bei zu errichtenden kleinen Wohngebäuden

Zeile	Bauteil	max. Wärmedurchgangskoeffizient k_{max} in W/m² · K
Spalte	1	2
1	Außenwände	$k_W \leq 0,50$[1]
2	Außenliegende Fenster und Fenstertüren sowie Dachfenster	$k_{m, Feq} \leq 0,70$[2]
3	Decken unter nicht ausgebauten Dachräumen und Decken (einschließlich Dachschrägen), die Räume nach oben und unten gegen die Außenluft abgrenzen	$k_D \leq 0,22$
4	Kellerdecken, Wände und Decken gegen unbeheizte Räume sowie Decken und Wände, die an das Erdreich grenzen	$k_G \leq 0,35$

[1] Die Anforderung gilt als erfüllt, wenn Mauerwerk in einer Wandstärke von 36,5 cm mit Baustoffen mit einer Wärmeleitfähigkeit von $\lambda \leq 0,21$ W/(m · K) ausgeführt wird.

[2] Der mittlere äquivalente Wärmedurchgangskoeffizient $k_{m, Feq}$ entspricht einem über alle außenliegenden Fenster und Fenstertüren gemittelten Wärmedurchgangskoeffizienten, wobei solare Wärmegewinne nach Kapitel 2.1.4.3 zu ermitteln sind.

Kurzverfahren

Für kleine Wohngebäude mit bis zu zwei Vollgeschossen und nicht mehr als drei Wohneinheiten gelten die Anforderungen auch als erfüllt, wenn die in Tafel 42 angegebenen maximalen k-Werte einzelner Bauteile nicht überschritten werden.

Anforderungen an Einzelbauteile sind ein Bruch mit dem Wärmebilanzverfahren, denn dabei wird ein wesentlicher Einfluß auf den Heizwärmebedarf, die Kompaktheit des Gebäudes, nicht berücksichtigt. Mit dem Bauteilverfahren können freistehende Ein- und Zweifamilien- sowie Reihenhäuser errichtet werden, die trotz niedriger k-Werte der Einzelbauteile einen hohen Heizwärmebedarf aufweisen. Damit wird das wichtigste Ziel der Wärmeschutzverordnung, Heizenergie einzusparen, nicht konsequent verfolgt.

3.1.2.2 Neubauten mit niedrigen Innentemperaturen

Dies sind Betriebsgebäude, die nach ihrem üblichen Verwendungszweck auf eine Innentemperatur von mehr als 12 °C und weniger als 19 °C sowie jährlich mehr als vier Monate beheizt werden. Hier wird lediglich der jährliche Transmissionswärmebedarf der wärmetauschenden Gebäudehüllflächen je m³ beheiztes Gebäudevolumen begrenzt. Die Anforderungen enthält Tafel 43.

Der Nachweis des Jahrestransmissionswärmebedarfs Q_T wird nach folgendem Zusammenhang geführt:

$$Q_T = 30\,(k_W \cdot A_W + k_F \cdot A_F + 0{,}8 \cdot k_D \cdot A_D$$
$$+ f_G \cdot k_G \cdot A_G + k_{DL} \cdot A_{DL} + 0{,}5 \cdot k_{AB} \cdot A_{AB})\ \text{in kWh/A}$$

Der Faktor 30 berücksichtigt eine mittlere Heizgradtagzahl von 1250 = 30 000 Heizgradstunden. Weitere Einzelheiten sind in Kapitel 2.1.4.1 beschrieben.

Tafel 43: Maximale Werte des auf das beheizte Bauwerksvolumen bezogenen Jahres-Transmissionswärmebedarfs Q'_T in Abhängigkeit vom Verhältnis A/V

A/V in m⁻¹	$Q'^{[1]}_T$ in kWh/m³ · a
≤ 0,20	6,20
0,30	7,80
0,40	9,40
0,50	11,00
0,60	12,60
0,70	14,20
0,80	15,80
0,90	17,40
≥ 1,00	19,00

[1] Zwischenwerte sind nach folgender Gleichung zu ermitteln:
$Q'_T = 3{,}0 + 16 \cdot (A/V)$ in kWh/m³ · a.

Tafel 44: Reduktionsfaktoren f_G

Gebäudegrundfläche A_G in m²	Reduktionsfaktor f_G[1]
≤ 100	0,50
500	0,29
1000	0,23
1500	0,20
2000	0,18
2500	0,17
3000	0,16
5000	0,14
≥ 8000	0,12

[1] Zwischenwerte sind nach folgender Gleichung zu ermitteln:
$f_G = 2,33/\sqrt[3]{A_G}$

Der Reduktionsfaktor f_G ist bei gedämmten Fußböden mit $f_G = 0,5$ anzusetzen. Bei ungedämmten Fußböden ist f_G in Abhängigkeit von der Größe der Gebäudegrundfläche A_G aus Tafel 44 zu ermitteln.

Der Wärmedurchgangskoeffizient k_G von Fußböden gegen Erdreich braucht nicht höher als 2,0 W/m² K angesetzt zu werden.

Der auf das beheizte Bauwerksvolumen bezogene Jahrestransmissionswärmebedarf Q'_T wird wie folgt ermittelt:

$$Q'_T = \frac{Q_T}{V} \text{ in kWh/m}^3 \cdot \text{a.}$$

3.1.2.3 Bestehende Gebäude mit normalen und mit niedrigen Innentemperaturen

Die Wärmeschutzverordnung greift nur dann in den Gebäudebestand mit normalen und niedrigen Innentemperaturen ein, wenn diesem mindestens ein beheizter Raum oder eine beheizte Gebäudenutzfläche von mehr als 10 m² hinzugefügt werden oder Bauteile des Gebäudes erstmalig eingebaut, ersetzt oder erneuert werden. Dabei werden die k-Werte für Einzelbauteile nach oben begrenzt. Die Anforderungen enthält Tafel 45.

3.1.2.4 Dichtheit der Gebäudehüllflächen

Bei Neubauten mit normalen und niedrigen Innentemperaturen dürfen die Fugendurchlaßkoeffizienten die in Tafel 46 festgelegten Werte nicht überschreiten.

Im übrigen muß sichergestellt werden, daß wärmeübertragende Umfassungsflächen dauerhaft luftdicht ausgeführt werden.

97

Tafel 45: Begrenzung des Wärmedurchgangs bei erstmaligem Einbau, Ersatz und bei Erneuerung von Bauteilen

Zeile	Bauteil	Gebäude nach Abschnitt 1	Gebäude nach Abschnitt 2
		max. Wärmedurchgangskoeffizient k_{max} in $W/m^2 \cdot K$ [1]	
Spalte	1	2	3
1a)	Außenwände	$k_W \leq 0,50$ [2]	$\leq 0,75$
1b)	Außenwände bei Erneuerungsmaßnahmen nach Ziffer 2 Buchstabe a und c mit Außendämmung	$k_W \leq 0,40$	$\leq 0,75$
2	Außenliegende Fenster und Fenstertüren sowie Dachfenster	$k_F \leq 1,8$	–
3	Decken unter nicht ausgebauten Dachräumen und Decken (einschl. Dachschrägen), die Räume nach oben und unten gegen die Außenluft abgrenzen	$k_D \leq 0,30$	$\leq 0,40$
4	Kellerdecken, Wände und Decken gegen unbeheizte Räume sowie Decken und Wände, die an das Erdreich grenzen	$k_G \leq 0,50$	–

[1] Der Wärmedurchgangskoeffizient kann unter Berücksichtigung vorhandener Bauteilschichten ermittelt werden.

[2] Die Anforderung gilt als erfüllt, wenn Mauerwerk in einer Wandstärke von 36,5 cm mit Baustoffen mit einer Wärmeleitfähigkeit von $\lambda \leq 0,21$ $W/m^2 \cdot K$ ausgeführt wird.

3.1.2.5 Ergänzende Vorschriften

Bei Gebäuden mit gemischter Nutzung gelten für die entsprechenden Gebäudeteile die Anforderungen der jeweils zutreffenden Anwendungsbereiche.

Von der Wärmeschutzverordnung ausgenommen sind z. B. Traglufthallen, Zelte, unterirdische Bauten für Zwecke der Landesverteidigung, des Zivil- oder Katastrophenschutzes, Werkstätten, Werkhallen und Lagerhallen, die nach ihrem üblichen Verwendungszweck großflächig und langanhaltend offengehalten werden müssen, oder Gewächshäuser im Gartenbau.

In Zukunft muß ein Wärmebedarfsausweis für alle neu zu errichtenden Gebäude mit normalen oder niedrigen Innentemperaturen erstellt werden. Er enthält die wesentlichen Ergebnisse des rechnerischen Nachweises nach der Wärmeschutzverordnung. Der Wärmebedarfsausweis dient zur Überwachung

Tafel 46: Fugendurchlaßkoeffizienten für außenliegende Fenster und Fenstertüren sowie Außentüren

Zeile	Geschoßzahl	Fugendurchlaßkoeffizient a in $\dfrac{m^3}{h \cdot m \cdot [daPa]^{2/3}}$ Beanspruchungsgruppe nach DIN 18055[1], [2]	
		A	B und C
1	Gebäude bis zu 2 Vollgeschossen	2,0	–
2	Gebäude mit mehr als 2 Vollgeschossen	–	1,0

[1] Beanspruchungsgruppe
A: Gebäudehöhe bis 8 m
B: Gebäudehöhe bis 20 m
C: Gebäudehöhe bis 100 m.

[2] Das Normblatt DIN 18055 – Fenster, Fugendurchlässigkeit, Schlagregendichtheit und mechanische Beanspruchung; Anforderungen und Prüfung – Ausgabe Oktober 1981 – ist im Beuth-Verlag GmbH, Berlin und Köln, erschienen und beim Deutschen Patentamt in München archivmäßig gesichert niedergelegt.

der Verordnung und ist für Käufer und Mieter ein Hinweis auf die wärmetechnische Qualität des Gebäudes.

☐ Fenster und Fenstertüren in wärmetauschenden Flächen müssen mindestens mit einer Doppelverglasung ausgeführt werden. Hiervon sind großflächige Verglasungen, z. B. für Schaufenster, ausgenommen, wenn sie nutzungsbedingt erforderlich sind.

☐ Zur Begrenzung des Energiedurchganges bei Sonneneinstrahlung (sommerlicher Wärmeschutz) darf das Produkt ($g_F \cdot f$) aus Gesamtenergiedurchlaßgrad g_F (einschließlich zusätzlicher Sonnenschutzeinrichtungen) und Fensterflächenanteil f für jede Fassade den Wert 0,25 (bei beweglichem Sonnenschutz in geschlossenem Zustand) nicht überschreiten. Ausgenommen sind nach Norden orientierte oder ganztägig verschattete Fenster. Dies gilt unter Berücksichtigung ausreichender Belichtungsverhältnisse bei Gebäuden mit einer raumlufttechnischen Anlage mit Kühlung und bei anderen Gebäuden mit einem Fensterflächenanteil je zugehöriger Fassade von 50% und mehr.

3.1.2.6 Weitere Anforderungen

☐ Bei aneinandergereihten Gebäuden ist der Nachweis der Begrenzung des Jahresheizwärmebedarfs Q_H für jedes Gebäude einzeln zu führen. Dabei werden die Gebäudetrennwände als nicht wärmedurchlässig angenommen und bei der Ermittlung der Werte A/V nicht berücksichtigt. Bei Gebäuden mit zwei Trennwänden (z. B. Reihenmittelhaus) darf zusätzlich der Wärmedurchgangskoeffizient für die Fassadenfläche (einschließlich Fenster und Fenstertüren) $k_{m,W+F} = (k_W \cdot A_W + k_F \cdot A_F)/(A_W + A_F)$ den Wert 1,00 W/m²K nicht überschreiten. Das gilt auch bei gegeneinander versetzten Gebäuden, wenn die anteiligen gemeinsamen Trennwände 50% oder mehr der Wandflächen betragen.

☐ Bei Flächenheizungen in Bauteilen, die beheizte Räume gegen die Außenluft, das Erdreich oder gegen Gebäudeteile mit wesentlich niedrigeren Innentemperaturen abgrenzen, darf der Wärmedurchgangskoeffizient der Bauteilschichten zwischen der Heizfläche und der Außenluft 0,35 W/m²K nicht überschreiten.

☐ Der Wärmedurchgangskoeffizient für Außenwände im Bereich von Heizkörpern darf den Wert der nichttransparenten Außenwände des Gebäudes nicht überschreiten.

☐ Werden Heizkörper vor außenliegenden Fensterflächen angeordnet, sind zur Verringerung der Wärmeverluste geeignete, nicht demontierbare oder integrierte Abdeckungen an der Heizkörperrückseite vorzusehen. Der k-Wert der Abdeckung darf 0,9 W/m² K, derjenige der Fensterflächen 1,5 W/m² K nicht überschreiten.

3.2 Wärmeschutz im Sommer

3.2.1 Empfehlungen für transparente Bauteile

Die Größe der Fensterfläche A_F und der Gesamtenergiedurchlaßgrad g_F dieser Fläche geben an, wieviel Sonnenenergie durch die transparenten Außenbauteile in einen Raum gelangen kann. Als Beurteilungsmaßstab für die eindringende Sonnenstrahlung gilt das Produkt aus dem Fensterflächenanteil

$$f = \frac{A_F}{A_W + A_F}$$

und dem Gesamtenergiedurchlaßgrad (Richtwerte siehe Tafel 47)

$$g_F = g \cdot (z_1 \cdot z_2 \cdot \ldots \cdot z_n).$$

Dabei sind A_W die Fläche der nichttransparenten Außenbauteile, g der Gesamtenergiedurchlaßgrad der Verglasung alleine und z die Abminderungsfaktoren der verschiedenen Sonnenschutzvorrichtungen.

Die empfohlenen Höchstwerte ($g_F \cdot f$) sind abhängig von der Orientierung der Fensterfläche des betrachteten Raumes zur Himmelsrichtung (Intensität der Strahlung), der Masse der Innenbauteile (Wärmespeicherung) und der Lüftung. Schwere Bauteile speichern zunächst die Wärme und geben sie erst soviel später wieder ab, daß die inzwischen kühlere Außenluft diese Wärme aufnehmen und abführen kann.

Tafel 47: Richtwerte für die Begrenzung der Energiedurchlässigkeit der transparenten Außenbauteile nach DIN 4108

Spalte	1	2	3	4
			max ($g_F \cdot f$)	
			Lüftung nachts oder in den frühen Morgenstunden	
Zeile	Lage des Raumes	Bezogene Masse der Innenbauteile in kg/m²	nein z. B. Büros, Schulen	>2 h, z. B. Wohnungen
1	Nord-Richtung, größte Abweichung ± 22,5°, oder ganztägig beschattet	≦ 600 (leicht)	0,37	0,42
2		> 600 (schwer)	0,39	0,50
3	alle anderen Richtungen	≦ 600 (leicht)	0,12	0,17
4		> 600 (schwer)	0,14	0,25

Die Wärmespeicherfähigkeit der Innenbauteile wird nach ihrer Masse (m_I) in zwei Gruppen eingeteilt. Die schwere Innenbauart hat eine auf die Außenwandfläche bezogene Masse aller raumumschließenden Innenbauteile

$$m_A = \frac{\Sigma\, m_I}{A_W + A_F}$$

von mehr als 600 kg/m², die leichte Innenbauart eine bezogene Masse bis zu 600 kg/m². Die Massen nicht wärmegedämmter Innenwände, Decken und Böden werden zur Hälfte angerechnet. Bei wärmegedämmten Bauteilen wird die Masse der von der Wärmedämmschicht nach innen angeordneten Schichten berücksichtigt, jedoch nur bis zur Hälfte der Gesamtmasse des Bauteils. Als Wärmedämmschicht gilt eine Schicht aus einem Material mit $\lambda_R \leqq 0,1$ W/m K und einem Wärmedurchlaßwiderstand von mindestens 0,25 m² K/W. Diese Zahlenwerte werden bereits von einer 1 cm dicken Dämmschicht der Wärmeleitfähigkeitsgruppe 040 erreicht. Für die übliche Bauweise aus einer Stahlbetondecke, (DE) gemauerten Innenwänden (IW) und einem Boden als schwimmendem Estrich (ZE) wird

$$\Sigma\, m_I = \frac{1}{2}\, (m_{DE} + m_{IW}) + m_{ZE}$$

Der Nachweis wird an dem Wohnraum des in Bild 33 gezeigten Grundrisses geführt.

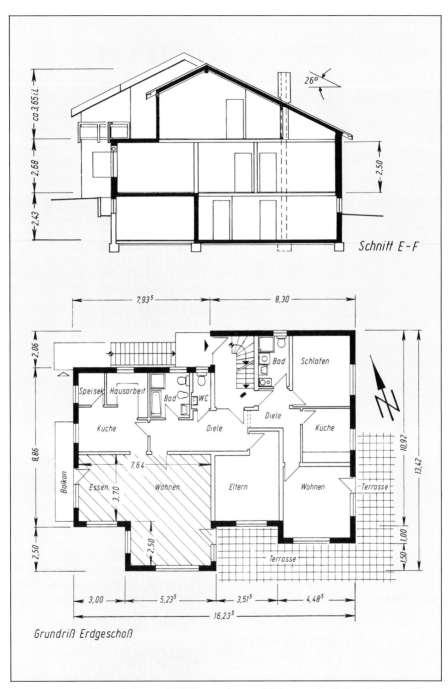

Schnitt E-F

Grundriß Erdgeschoß

Bild 33: Zweifamilienwohnhaus mit Einliegerwohnung; Wohnraum im Erdgeschoß schraffiert

102

Abmessungen:

Länge des Raumes	7,64 m; 4,64 m
Breite des Raumes	3,70 m; 2,50 m
Raumhöhe	2,50 m

Masse der Innenbauteile:

Stahlbetondecke, 18 cm dick, einschließlich 21 kg/m² Putz.

$$m_{DE} = (0,18 \cdot 2400 + 21)(7,64 \cdot 3,70 + 4,64 \cdot 2,50) \quad = 18\,060 \text{ kg}$$

Innenwand aus LB-Vollsteinen
($\varrho_R = 1260 \text{ kg/m}^3$)
V 4 – 1,2 – 5 DF einschließlich 42 kg/m² Putz.

$$m_{IW} = (0,24 \cdot 1260 + 42)(7,64 + 3,70) \cdot 2,50 \qquad = \ 8\,903 \text{ kg}$$

Zementestrich, 3,5 cm dick.

$$m_{ZE} = 0,035 \cdot 2000\,(7,64 \cdot 3,70 + 4,64 \cdot 2,50) \qquad = \ 2\,791 \text{ kg}$$

$$\Sigma\,m_I = \frac{1}{2}\,(18\,060 + 8903) + 2791 \qquad = 16\,272 \text{ kg}$$

Außenwandfläche:

$$A_W + A_F = (3,70 + 7,64 + 2 \cdot 2,50) \cdot 2,50 \qquad = \quad 40,8 \text{ m}^2$$
$$A_F \quad = 10,4 + 3,5 \qquad\qquad\qquad\qquad\qquad = \quad 13,9 \text{ m}^2$$

Bezogene Masse der Innenbauteile:

$$m_A \quad = \frac{16\,272}{40,8} \qquad\qquad \begin{aligned} &= 399 \text{ kg/m}^2 \\ &< 600 \text{ kg/m}^2 \end{aligned}$$

Es liegt also eine leichte Bauweise vor.

Für einen Fensterflächenanteil

$$f \quad = \frac{13,9}{40,8} \qquad\qquad\qquad = 0,34$$

und doppelt verglaste Fenster mit Rolläden wird
$$g_F \cdot f \quad = 0,76 \cdot 0,34 \cdot 0,3 \qquad\qquad = 0,077$$
Nach Tafel 47 $\qquad\qquad\qquad\qquad\qquad\quad < 0,17$

Es kann also ein günstiges Raumklima im Sommer erwartet werden.

Um eine schwere Innenbauweise zu erreichen, müßten 40 cm dicke Beton-
wände eingebaut werden oder die Fenster auf der Westseite entfallen.

$$m_{IW} \quad = (0,40 \cdot 2400 + 42)(7,64 + 3,70) \cdot 2,50 \qquad = 28\,407 \text{ kg}$$
$$\Sigma\,m_I \quad = \frac{1}{2}\,(18\,060 + 28\,407) + 2791 \qquad = 26\,024 \text{ kg}$$
$$m_A \quad = \frac{26\,024}{40,8} \qquad\qquad \begin{aligned} &= \quad 638 \text{ kg/m}^2 \\ &> \quad 600 \text{ kg/m}^2 \end{aligned}$$

Tafel 48: Abminderungsfaktor z von fest installierten Sonnenschutzvorrichtungen

Spalte	1	2
Zeile	Sonnenschutzvorrichtung	z
1.	keine Sonnenschutzvorrichtung vorhanden	1,0
2.	innenliegend und zwischen den Scheiben liegend	
2.1	Gewebe bzw. Folien	
	ohne Nachweis nach DIN 67507	0,7
	Nachweis für	
	....	....
	....	....
2.2	Jalousien	0,5
3.	außenliegend	
3.1	Jalousien, drehbare Lamellen, hinterlüftet	0,25
3.2	Jalousien, Rolläden, Fensterläden, feststehende oder	0,3
	drehbare Lamellen	
3.3	Vordächer, Loggien	0,3

Abdeckwinkel der Fenster:

① Vertikalschnitt durch Fassade

Süd-Richtung $\beta \geq 50°$

Südost- und Südwest-Richtung $\beta \geq 80°$

Ost- und Westrichtung $\beta \geq 85°$

② Horizontalschnitt durch Fassade (alternativ zu ①)

$\gamma \geq 115°$

West

Ost

3.4	Markisen, oben und seitlich belüftet	0,4
	Anordnung wie Zeile 3.3	
3.5	Markisen allgemein	0,5
	Anordnung wie Zeile 3.3	

oder

$$A_W + A_F = (7,64 + 2,50) \cdot 2,50 \qquad\qquad = 25,4 \text{ m}^2$$

$$m_A = \frac{16\,272}{25,4} \qquad\qquad\qquad = 641 \text{ kg/m}^2$$

$$> 600 \text{ kg/m}^2$$

3.2.2 Empfehlungen für nichttransparente Bauteile

Weil der Einfluß der Energiedurchlässigkeit der Fenster vorherrscht, werden in DIN 4108 über die Mindestanforderungen an Außenbauteile in Abhängigkeit von ihrer flächenbezogenen Masse hinausgehende Anforderungen nicht gestellt. Die Ausführungen in Abschnitt 2.1.4.5 zeigen die günstige Auswirkung wärmespeichernder Innenbauteile auf die Klimatisierung der Räume im Sommer. Es ist aber auch sinnvoll, nicht nur die Innenbauteile, sondern auch die nichttransparenten Außenbauteile in einer wärmespeichernden Bauweise auszuführen. Dies gilt insbesondere für Decken und Dächer von Aufenthaltsräumen, die direkt an die Außenluft grenzen wie bei Flachdächern oder ausgebauten Dachgeschossen.

Ein Wert, der die Wirkung der Wärmespeicherfähigkeit von Außenbauteilen beurteilen läßt, ist das Temperaturamplitudenverhältnis TAV. Darunter wird das Verhältnis der täglichen Temperaturschwankungen auf der raumseitigen Oberfläche eines Bauteils zu der auf der Außenseite eines Bauteils verstanden.

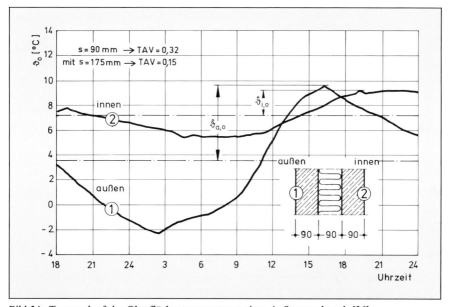

Bild 34: Tagesverlauf der Oberflächentemperaturen einer Außenwand nach [26]

$$TAV = \frac{\vartheta_{i,\,o}}{\vartheta_{a,\,o}}$$

Es werden empfohlen: Für Außenwände $TAV \leq 0,15$
Für Dachdecken $TAV \leq 0,10$

Das bedeutet, daß die täglichen Schwankungen der Temperatur auf den Außenoberflächen von Bauteilen nur bis zu 10 bzw. 15 Prozent auf die raumseitige Oberfläche übertragen werden dürfen.

3.2.3 Kühllast für klimatisierte Räume

Bei Wohngebäuden oder Gebäuden mit Einzelbüros und vergleichbaren Nutzungen sind raumlufttechnische Anlagen nicht erforderlich, wenn die Hinweise in den Abschnitten 3.2.1 und 3.2.2 beachtet werden. Nur wenn große interne Wärmequellen (z. B. Beleuchtung), große Menschenansammlungen oder besondere Nutzungen vorliegen, können raumlufttechnische Anlagen notwendig sein. Derartige Anlagen werden nach der VDI-Richtlinie 2078, Berechnung der Kühllast klimatisierter Räume, bemessen. Auch in dieser Richtlinie wird die Wärmespeicherfähigkeit der Bauteile für den wirtschaftlichen Betrieb von Klimaanlagen besonders herausgestellt. Siehe auch Kapitel 3.1.2.5.

3.3 Klimabedingter Feuchteschutz, Anforderungen

Der klimabedingte Feuchteschutz ist in DIN 4108, Teil 3, geregelt.

3.3.1 Oberflächenkondensat

Schädliche Tauwasserbildung auf raumseitigen Oberflächen ist zu vermeiden. Dies ist bei Einhaltung der Mindestanforderungen an den Wärmeschutz der Bauteile nach DIN 4108, Teil 2, gegeben bei üblicher Nutzung (Heizung und Lüftung) von Aufenthaltsräumen. In Räumen mit dauernd hoher relativer und absoluter Luftfeuchte ist Tauwasserfreiheit auf den raumseitigen Oberflächen rechnerisch nachzuweisen oder anfallendes Tauwasser schadlos abzuführen. Siehe auch Kapitel 2.2.1.3.

3.3.2 Tauwasserbildung im Inneren von Bauteilen

Durch Tauwasserbildung in Bauteilen dürfen Wärmeschutz und Standsicherheit der Bauteile nicht gefährdet werden. Dazu sind die in Kapitel 2.2.1.4 beschriebenen Randbedingungen und Nachweise einzuhalten.

3.3.3 Schlagregen

Das Eindringen von Feuchtigkeit in Außenbauteile ist auf ein unschädliches Maß zu begrenzen. Kapitel 2.2.2 enthält Hinweise auf Schutzmaßnahmen in Abhängigkeit von der Schlagregenbeanspruchung.

3.4 Schutz gegen Bodenwasser

3.4.1 Anforderungen

Bauteile im Erdreich sind besonderen Feuchtigkeitsbelastungen ausgesetzt, gegen die sie geschützt werden müssen. Anforderungen an Bauwerksabdichtungen, Grundlagen einer fachgerechten Anordnung und Hinweise zur Ausführung von Abdichtungen enthält DIN 18195 „Bauwerksabdichtungen", Teile 1 bis 10. Kapitel 2.2.3 befaßt sich mit Maßnahmen zum Schutz von Bauteilen gegen Bodenwasser.

3.5 Schallschutz

Der Schallschutz im Hochbau ist in DIN 4109 geregelt. Unter Anwendungsbereich und Zweck der Norm heißt es dort unter anderem:

„Besonders wichtig ist der Schallschutz im Wohnungsbau, da die Wohnung dem Menschen sowohl zur Entspannung und zum Ausruhen dient als auch den eigenen häuslichen Bereich gegenüber den Nachbarn abschirmen soll. Um eine zweckentsprechende Nutzung der Räume zu ermöglichen, ist auch in Schulen, Krankenanstalten, Beherbergungsstätten und Bürobauten der Schallschutz von Bedeutung.

In dieser Norm sind Anforderungen an den Schallschutz mit dem Ziel festgelegt, Menschen in Aufenthaltsräumen vor unzumutbaren Belästigungen durch Schallübertragung zu schützen. Außerdem ist das Verfahren zum Nachweis des geforderten Schallschutzes geregelt.

Aufgrund der festgelegten Anforderungen kann nicht erwartet werden, daß Geräusche von außen oder aus benachbarten Räumen nicht mehr wahrgenommen werden. Daraus ergibt sich insbesondere die Notwendigkeit gegenseitiger Rücksichtnahme durch Vermeidung unnötigen Lärms. Die Anforderungen setzen voraus, daß in benachbarten Räumen keine ungewöhnlich starken Geräusche verursacht werden."

3.5.1 Anforderungen und Empfehlungen

DIN 4109 stellt lediglich Mindestanforderungen an die Luft- und Trittschalldämmung von Bauteilen. Bei den Anforderungen ist zu unterscheiden zwischen dem Schutz gegen Schallübertragung aus fremden Wohn- und Arbeitsbereichen und dem Schutz gegen Außenlärm.

Vorschläge für einen erhöhten Schallschutz und Empfehlungen für den Schallschutz im eigenen Wohn- und Arbeitsbereich enthält das Beiblatt 2 zur DIN 4109. Diese Vorschläge und Empfehlungen müssen, wenn sie gelten sollen, ausdrücklich zwischen Planer und Bauherrn vereinbart werden.

Für den Nachweis der Mindestanforderungen bei der Trittschalldämmung dürfen weich federnde Bodenbeläge nicht angerechnet werden. Zum Nachweis

Tafel 49: Anforderungen und Vorschläge für die Luft- und Trittschalldämmung von Decken und Wänden zum Schutz gegen Schallübertragung aus einem fremden Wohn- oder Arbeitsbereich für ausgewählte Gebäudetypen und Bauteile nach DIN 4109

Gebäudetyp	Bauteil	Anforderungen nach DIN 4109		Vorschläge für erhöhten Schallschutz nach Beiblatt 2	
		erf R'_w dB	erf $L'_{n,w}$ (erf TSM) dB	erf R'_w dB	erf $L'_{n,w}$ (erf TSM) dB
Geschoßhäuser mit Wohnungen und Arbeitsräumen	Wohnungstrenndecke, Decke zwischen fremden Arbeitsräumen, Decken unter Bad und WC ohne/mit Bodenentwässerung	54	53 (10)	$\geqq 55$	$\leqq 46$ ($\geqq 17$)
	Decken über Durchfahrten, Einfahrten von Sammelgaragen	55	53 (10)	–	$\leqq 46$ ($\geqq 17$)
	Wohnungstrennwände, Wände zwischen fremden Arbeitsräumen	53	–	$\geqq 55$	–
	Treppenraumwände und Wände neben Hausfluren	52	–	$\geqq 55$	–
	Wände neben Durchfahrten	55	–	–	–
	Treppenläufe und -podeste	–	58 (5)	–	$\leqq 46$ ($\geqq 17$)
Einfamilien-Doppelhäuser und Einfamilien-Reihenhäuser	Decken	–	48 (15)	–	$\leqq 38$ ($\geqq 25$)
	Treppenläufe und -podeste	–	53 (10)	–	$\leqq 46$ ($\geqq 17$)
	Haustrennwände	57	–	$\geqq 67$	–
Beherbergungsstätten, Krankenanstalten, Sanatorien	Decken	54	53 (10)	$\geqq 55$	$\leqq 46$ ($\geqq 17$)
	Decken unter/über Gemeinschaftsräumen zum Schutz gegenüber Schlafräumen	55	46 (17)	$\geqq 55$	$\leqq 46$ ($\geqq 17$)
	Wände	47	–	$\geqq 52$	–
Büro- und Verwaltungsgebäude	Decken	52	53 (10)	$\geqq 55$	$\leqq 46$ ($\geqq 17$)
	Wände zwischen Räumen mit üblicher Bürotätigkeit	37	–	$\geqq 42$	–
	Wände von Räumen für konzentrierte geistige Tätigkeit	45	–	$\geqq 52$	–
Schulen	Decken zwischen Unterrichtsräumen	55	53 (10)	–	–
	Wände zwischen Unterrichtsräumen	47	–	–	–
	Wände zwischen Unterrichtsräumen und Musikräumen	55	–	–	–

erhöhter Anforderungen bzw. von Vorschlägen und Empfehlungen können solche Beläge berücksichtigt werden.

3.5.1.1 Schallübertragung aus fremdem Wohn- und Arbeitsbereich

Die Tafel 49 enthält Mindestanforderungen und Empfehlungen für eine erhöhte Luft- und Trittschalldämmung von Decken und Wänden für die wichtigsten Gebäudetypen und Innenbauteile.
Weitere Anforderungen sind DIN 4109 zu entnehmen.

3.5.1.2 Schutz gegen Außenlärm

Anforderungen an die Luftschalldämmung von Außenbauteilen enthält Tafel 50 in Abhängigkeit von den Raumarten (Nutzung der Räume) und dem Lärmpegelbereich. Lärmpegelbereiche sind in der Regel in den Bebauungsplänen ausgewiesen; sie können nach DIN 4109 berechnet oder aber gemessen werden.

Tafel 50: Anforderungen an die Luftschalldämmung von Außenbauteilen nach DIN 4109

Spalte	1	2	3	4	5
			Raumarten		
Zeile	Lärm-pegel-bereich	„Maß-geblicher Außen-lärm-pegel"	Bettenräume in Krankenanstalten und Sanatorien	Aufenthaltsräume in Wohnungen, Übernachtungs-räume in Beher-bergungsstätten, Unterrichtsräume und ähnliches	Büroräume[1] und ähnliches
		dB(A)	erf. $R'_{w, res}$ des Außenbauteils in dB		
1	I	bis 55	35	30	–
2	II	56 bis 60	35	30	30
3	III	61 bis 65	40	35	30
4	IV	66 bis 70	45	40	35
5	V	71 bis 75	50	45	40
6	VI	76 bis 80	[2]	50	45
7	VII	> 80	[2]	[2]	50

[1] An Außenbauteile von Räumen, bei denen der eindringende Außenlärm aufgrund der in den Räumen ausgeübten Tätigkeiten nur einen untergeordneten Beitrag zum Innenraumpegel leistet, werden keine Anforderungen gestellt.

[2] Die Anforderungen sind hier aufgrund der örtlichen Gegebenheiten festzulegen.

Auch Außenwände mit Fenstern müssen diese Anforderungen mit einem resultierenden Schalldämm-Maß $R'_{w,res}$ nachweisen. Die Anforderungen gelten als erfüllt, wenn die in Tafel 51 angegebenen Schalldämm-Maße von Wand und Fenster jeweils einzeln eingehalten werden. Diese Tafel gilt nur für Wohngebäude mit üblicher Raumhöhe von etwa 2,50 m und Raumtiefen von 4,50 m und mehr. Da die Schalldämmung des Außenbauteils auch von der Raumgeometrie abhängt, sind für Räume mit abweichenden geometrischen Verhältnissen Korrekturwerte nach Tafel 52 zu berücksichtigen.

Tafel 51: Erforderliche Schalldämm-Maße erf. $R'_{w,res}$ von Kombinationen von Außenwänden und Fenstern nach DIN 4109

Spalte	1	2	3	4	5	6	7
Zeile	erf. $R'_{w,res}$ in dB nach Tafel 49	Schalldämm-Maße für Wand/Fenster in ... dB/... dB bei folgenden Fensterflächenanteilen in %					
		10%	20%	30%	40%	50%	60%
1	30	30/25	30/25	35/25	35/25	50/25	30/30
2	35	35/30 40/25	35/30	35/32 40/30	40/30	40/32 50/30	45/32
3	40	40/32 45/30	40/35	45/35	45/35	40/37 60/35	40/37
4	45	45/37 50/35	45/40 50/37	50/40	50/40	50/42 60/40	60/42
5	50	55/40	55/42	55/45	55/45	60/45	–

Diese Tafel gilt nur für Wohngebäude mit üblicher Raumhöhe von etwa 2,5 m und Raumtiefe von etwa 4,5 m oder mehr, unter Berücksichtigung der Anforderungen an das resultierende Schalldämm-Maß erf. $R'_{w,res}$ des Außenbauteiles nach Tafel 50 und der Korrektur von −2 dB nach Tafel 52, Zeile 2.

Tafel 52: Korrekturwerte für das erforderliche resultierende Schalldämm-Maß nach Tafel 50 in Abhängigkeit vom Verhältnis $S_{(W+F)}/S_G$ nach DIN 4109

Spalte/Zeile	1	2	3	4	5	6	7	8	9	10
1	$S_{(W+F)}/S_G$	2,5	2,0	1,6	1,3	1,0	0,8	0,6	0,5	0,4
2	Korrektur	+5	+4	+3	+2	+1	0	−1	−2	−3

$S_{(W+F)}$: Gesamtfläche des Außenbauteils eines Aufenthaltsraumes in m²
S_G: Grundfläche eines Aufenthaltsraumes in m²

Tafel 53: Empfehlungen für normalen und erhöhten Schallschutz; Luft- und Trittschalldämmung von Bauteilen zum Schutz gegen Schallübertragung aus dem eigenen Wohn- oder Arbeitsbereich, nach DIN 4109, Beiblatt 2

Spalte	1	2	3	4	5
		Empfehlungen für normalen Schallschutz		Empfehlungen für erhöhten Schallschutz	
Zeile	Bauteile	erf. R'_w dB	erf. $L'_{n,w}$ (erf. TSM) dB	erf. R'_w dB	erf. $L'_{n,w}$ (erf. TSM) dB
1 Wohngebäude					
1	Decken in Einfamilienhäusern, ausgenommen Kellerdecken und Decken unter nicht ausgebauten Dachräumen	50	56 (7)	≥ 55	≤ 46 (≥ 17)
2	Treppen und Treppenpodeste in Einfamilienhäusern	–	–	–	≤ 53 (≥ 10)
3	Decken von Fluren in Einfamilienhäusern	–	56 (7)	–	≤ 46 (≥ 17)
4	Wände ohne Türen zwischen „lauten" und „leisen" Räumen unterschiedlicher Nutzung, z. B. zwischen Wohn- und Kinderschlafzimmer	40	–	≥ 47	–
2 Büro- und Verwaltungsgebäude					
5	Decken, Treppen, Decken von Fluren und Treppenraumwände	52	53 (10)	≥ 55	≤ 46 (≥ 17)
6	Wände zwischen Räumen mit üblicher Bürotätigkeit	37	–	≥ 42	–
7	Wände zwischen Fluren und Räumen nach Zeile 6	37	–	≥ 42	–
8	Wände von Räumen für konzentrierte geistige Tätigkeit oder zur Behandlung vertraulicher Angelegenheiten, z. B. zwischen Direktions- und Vorzimmer	45	–	≥ 52	–
9	Wände zwischen Fluren und Räumen nach Zeile 8	45	–	≥ 52	–

3.5.1.3 Schallübertragung im eigenen Wohn- und Arbeitsbereich

Der Schallschutz im eigenen Wohn- und Arbeitsbereich ist eine Frage der individuellen Bedürfnisse der Nutzer, ihrer Lebens- und Arbeitsgewohnheiten, der Altersstruktur der Familie, der psychischen und physischen Verfassung jedes Einzelnen und damit eine individuelle Planungsaufgabe. Die Schalldämmung entsprechender Bauteile muß daher bereits bei der Planung berücksichtigt und zwischen Bauherrn und Planer ausdrücklich vereinbart werden. Dabei können sich die Vertragspartner an den Vorschlägen für einen normalen bzw. erhöhten Schallschutz nach Beiblatt 2 zur DIN 4109 orientieren. Solche Empfehlungen enthält Tafel 53.

3.6 Brandschutz

3.6.1 Anforderungen

Die Anforderungen an den baulichen Brandschutz enthalten die Bauordnungen der Bundesländer. Einzelanforderungen, abgeleitet aus den Grundsatzparagraphen, sind am Beispiel der Landesbauordnung Nordrhein-Westfalen in Bild 35 (Gebäudeklasse) und Tafel 54 wiedergegeben.

Unter dem Gesichtspunkt der Menschenrettung und der Möglichkeit, löschen zu können, werden die Gebäude nach ihrer Höhe, das heißt hinsichtlich der Anleiterbarkeit, und der Anzahl der Wohneinheiten eingeteilt.

Da bei Feuerwehreinsätzen Leitern stets vorhanden sind, wurde die damit erreichbare Brüstungshöhe $H \geq = 8$ m bzw. dazu korrespondierend die „Oberkante Fußboden" mit $OKF \geq = 7$ m als Kriterium für die Definition der Gebäude mit geringer Höhe gewählt. Die nächste Gebäudeklasse reicht höhenabhängig bis zur in Deutschland einheitlichen Hochhausgrenze mit $OKF \leq 22$ m.

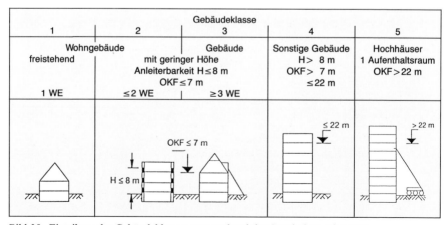

Bild 35: Einteilung der Gebäudeklassen entsprechend den Landesbauordnungen

Tafel 54: Zusammenstellung der wichtigsten Anforderungen an den baulichen Brandschutz für Bauteile des üblichen Hochbaus nach geltendem Baurecht, gezeigt am Beispiel der Landesbauordnung von Nordrhein-Westfalen

Gebäudeklasse		2	3	4
Art des Gebäudes		Wohngebäude mit geringer Höhe (OKF ≤ 7 m)	Gebäude mit geringer Höhe (OKF ≤ 7 m)	Sonstige Gebäude außer Hochhäusern
		≤ 2 WE	≥ 3 WE	
Tragende Wände	Dach	$0^{1)}$	$0^{1)}$	$0^{1)}$
	Sonstige	F 30-B	F 30-AB$^{2)}$	F 90-AB
	Keller	F 30-AB	F 90-AB	F 90-AB
Nichttragende Außenwände		0	0	A o. F 30-B
Außenwand		0	0	B 1
Bekleidungen		B 2 ⟶ geeignete Maßnahmen		
Gebäudeabschlußwände		F 90-AB	BW	BW
		(F 30-B) + (F 90-B)	F 90-AB	
Decken	Dach	$0^{1)}$	$0^{1)}$	$0^{1)}$
	Sonstige	F 30-B	F 30-AB$^{3)}$	F 90-AB
	Keller	F 30-B	F 90-AB	F 90-AB
Gebäudetrennwände – 40 m-Gebäudeabschnitte		F 90-AB	BW	BW
			F 90-AB	
Wohnungstrennwände	Dach	F 30-B	F 30-B	F 30-B
	Sonstige	F 30-B	F 60-AB	F 90-AB
Treppenraum	Dach	0	0	0
	Decke	0	F 30-AB	F 90-AB
	Wände	0	F 90-AB	Bauart BW
	Bekleidung	0	A	A
Treppen	tragende Teile	0	0	F 90-A
Allgemein zugängliche Flure als Rettungswege	Wände	–	F 30-B	F 30-AB
				F 30-AB
	Bekleidung	–	0	A
Offene Gänge vor Außenwänden	Wände, Decken	–	0	F 90-AB
	Bekleidung	–	0	A

1) Bei giebelständigen Gebäuden – Dach von innen   F 30-B
2) Bei Gebäuden mit ≤ 2 Geschossen über OKT   F 30-B
3) Bei Gebäuden mit ≤ 2 Geschossen über OKT   F 30-B
   Bei Gebäuden mit ≥ 3 Geschossen über OKT   F 30-B/A

Für die Gebäudeklassen sind in Tafel 54 die brandschutztechnischen Anforderungen an die zu verwendenden Baustoffe und Bauteile festgelegt. Die für freistehende Einfamilienhäuser geltende Gebäudeklasse 1 ist nicht aufgeführt, da hierfür keine Anforderungen gestellt werden. Für die Gebäudeklasse 5 „Hochhäuser" gelten spezielle Anforderungen, die in den Hochhaus-Richtlinien geregelt sind.

4 Bauphysikalische Kennwerte von Bauteilen

Die Auswahl der besten Konstruktionsart und der richtigen Bauteilabmessungen ist oft schwierig, weil die für den Wärmeschutz günstige Konstruktion für den Schall- oder Brandschutz falsch sein kann. Deshalb wurden in den folgenden Tafeln für häufig verwendete Betonkonstruktionen die für die Beurteilung des Wärmeschutzes im Winter, des Schallschutzes und des Brandschutzes wichtigen Kennwerte zusammengestellt. Bei manchen Bauteilen sind die Kennwerte aus Versuchsreihen noch nicht bekannt, weshalb die Tafeln einige Lücken aufweisen.

Die Schallschutzwerte sind nach DIN 4109 Beiblatt 1, Schallschutz im Hochbau, Ausführungsbeispiele und Rechenverfahren, ermittelt worden. Einige Angaben entstammen Prüfzeugnissen. Für den Trittschallschutz wurden der Normtrittschallpegel und in Klammern das Trittschallschutzmaß angegeben. Siehe auch Kapitel 2.3 und 3.5.

Die Feuerwiderstandsklassen der Bauteile wurden DIN 4102, Teil 4, Brandverhalten von Baustoffen und Bauteilen, Zusammenstellung und Anwendung klassifizierter Baustoffe, Bauteile und Sonderbauteile, sowie einigen Prüfzeugnissen entnommen.

Für die Bezeichnung der Bauteilabmessungen und der Bauteile wurden folgende Zeichen und Abkürzungen verwendet:

Bauteilabmessungen
d   Dicke eines einschichtigen Bauteils
s   Schichtdicke bei einem mehrschichtigen Bauteil
s_a Dicke der äußeren Schicht
s_i Dicke der inneren Schicht
s_k Dicke der Kernschicht
s_b Dicke der Betonschicht
s_D Dicke der Dämmschicht
s_L Dicke der Luftschicht
a_s Abstand der Bewehrungsstäbe
u   Schwerpunktabstand der Bewehrung
u_0 Schwerpunktabstand der Bewehrung zur Plattenoberseite
u_1 Schwerpunktabstand der Bewehrung bei einer Randspannung

$$\sigma_r \leqq \frac{0,5 \cdot \beta_R}{2,1}$$

u_2 Schwerpunktabstand der Bewehrung bei einer Randspannung

$$\sigma_r \leqq \frac{1,0 \cdot \beta_R}{2,1}$$

Abkürzungen für Bauteilbezeichnungen

Zeichen für bauphysik. Berechnungen	Bauteil	Einordnung nach WVO
	Wände	
AW	Außenwand	W
IW	Innenwand	AB
AT	Außentür	W
IT	Innentür	AB
WG	Wand, an das Erdreich grenzend	G
AB	Abseitenwand	AB
	Fenster	
EF	Einfachfenster	nicht zulässig
VF	Verbundfenster	F
DF	Doppelfenster	F
SA	Scheibenabstand	
IG 2	Isolierglas, zweifach	F
IG 3	Isolierglas, dreifach	F
LZR	Luftzwischenraum	
O 1	einfaches Oberlicht	F
O 2	doppeltes Oberlicht	F
	Dächer, Decken	
DA	wärmegedämmtes Dach; Decke, die Aufenthaltsräume nach oben gegen die Außenluft abgrenzt	D
DE	Decke zwischen Aufenthaltsräumen;	
DEo	... mit Wärmestrom nach oben	AB
DEu	... mit Wärmestrom nach unten	AB
DD	Decke unter nicht ausgebauten Dachgeschossen	D
DL	Decke, die Aufenthaltsräume nach unten gegen die Außenluft abgrenzt	DL
DK	Kellerdecke	G
FB	Fußboden, unterer Abschluß nicht unterkellerter Aufenthaltsräume	G
WB	**Wärmebrücken**	

4.1 Beurteilung von Außenbauteilen

Tafel 55 zeigt fünf Konstruktionstypen für Außenwände, wie sie heute in der Praxis eingeführt sind. Entsprechend ihrem konstruktiven Aufbau sind diese Wandtypen bauphysikalisch unterschiedlich zu bewerten. Die Bewertung gilt für alle Außenbauteile ähnlichen Aufbaus, also auch für Decken und Dächer.

116

Tafel 55: Aufbau der Außenwände und bauphysikalische Kennwerte der Bauteiltypen

Spalte	1	2	3	4	5	6	7	8	9	10
					Wärmeschutz			Masse	Schallschutz	Brandschutz
Typ	Schichten von außen nach innen	Baustoff	Schichtdicke s	λ_R	$1/\Lambda$	k	TAV	m	R'_w	Feuerwiderstandsklasse
			m	W/mk	m²K/W	W/m²K	1	kg/m²	dB	
A	Außenputz	Kalk-Zement-Mörtel	0,02	0,87				30		
	Leichtbetonvollblöcke mit Leichtmauermörtel	Vbl-0,6 L-30 S-W, Naturbims	0,30	0,18				177		
	Innenputz	Kalk-Gips-Mörtel	0,015	0,70				15		
	AW	Einschichtige Wand aus LB-Mauerwerk	0,335		1,71	0,53	0,05	222	46	F 180 – A und Brandwand
B	Außenputz	Zement-Mörtel, faserbewehrt	0,02	1,40				40		
	Hartschaumplatte	PURP-W-035-60-B 1	0,06	0,035				2		
	Leichtbetonvollsteine	V2-0,7-5 DF	0,24	0,37				175		
	Innenputz	Kalk-Gips-Mörtel	0,015	0,70				15		
	AW	LB-Mauerwerk mit Außendämmung	0,335		2,49	0,38	0,02	232	46 / 50[1]	F 90 – AB / F 90 – A[1]
C	Gestalteter Beton	B25, wasserundurchlässig PSP-W-035-80-B 2	≧0,07	2,1				138		
	Hartschaumplatte		0,08	0,035				2		
	Stahlbeton	B 25	0,15	2,1				345		
	AW	NB-Fertigteil mit Kerndämmung	0,29		2,04[2]	0,45	0,02	485	53	F 90 – AB,u1≧25 mm / F 60 – AB,u2≧25 mm
D	Gestalteter Beton	B25, wasserundurchlässig P-WVs-035-80-A 2	0,20	2,1				460		
	Mineralfaserplatte Dampfbremse	Alu-Folie, auf Dämmplatte kaschiert	0,08 50 µm	0,035				3 –		
	Gipskartonplatte	GKB	0,012	0,21				11		
	AW	NB-Wand mit Innendämmung	0,292		2,44	0,38	0,26	474	57	F 180 – A,u1≧55 mm / F 90 – A,u2≧35 mm
E	Fassadenplatte	Faserzement	0,01	0,13				20		
	Hinterlüftung	Luft	0,02					–		
	Holzspanplatte	V100 G – B 1	0,013	0,13				9		
	Mineralfaserplatte	P-Ww-035-80-A 2	0,08	0,035				3		
	Holzspanplatte	V 20-B 1	0,13	0,13				9		
	Gipskartonplatte	GKF	0,012	0,21				11		
	AW	Leichtbauwand	0,148		2,54	0,37	0,78	52	42	F 30 – B

[1] mit Mineralfaserplatte
[2] 15% Abzug bei Dämmschicht für Stahlanker

117

4.1.1 Einschichtige Bauteile (Typ A)

Bei einschichtigen Bauteilen muß der tragende Baustoff gleichzeitig die notwendige Wärmedämmung liefern. Eine Wand aus verputztem Mauerwerk, z. B. aus Leichtbetonsteinen, gehört zu diesem Typ. Sie weist durchschnittliche Werte beim Wärme- und Schallschutz auf und erreicht die höchste Feuerwiderstandsklasse F 180-A. Bei einschichtigen Konstruktionen ist die Luftschalldämmung ausschließlich vom Gewicht des Bauteils abhängig. Soll bei solchen Bauteilen zur Verbesserung der Wärmedämmung die Rohdichte vermindert werden, ist immer zu prüfen, ob dann die Schalldämmung noch ausreicht oder ob die Dicke des Bauteils erhöht werden muß.

4.1.2 Mehrschichtige Bauteile

Bei mehrschichtigen Bauteilen werden Trag- und Dämmfunktion verschiedenen Baustoffen zugewiesen. Dies erfordert in der Regel einen zusätzlichen Regenschutz. Die Tragfunktion übernimmt ein Massivbaustoff, z. B. Stahlbeton oder Mauerwerk. Die Wärmedämmschicht kann dabei außen (Typ B), im Kern (Typ C) oder auf der Innenseite (Typ D) angeordnet sein. Fehlt die tragende Schicht aus einem massiven Baustoff, entsteht eine Leichtbauweise (Typ E).

Bei mehrschichtigen Konstruktionen der Typen B und C spielt der Biegewiderstand der einzelnen Schichten für den Schallschutz eine große Rolle. Bei Bauteil Typ B sind beim Schallschutz zwei Werte angegeben. Bei Verwendung einer Hartschaumplatte ist die Schalldämmung deutlich niedriger und die Eigenfrequenz ungünstig hoch ($\geq$ 100 Hz), verglichen mit einer weichfedernden Dämmschicht. Bei der Verwendung einer Mineralfaserplatte verbessert sich auch das Brandverhalten der Konstruktion.

Die Bauteiltypen B und C haben auf der Innenseite schwere, wärmespeichernde Schichten. Dadurch bleibt die Erwärmung der Raumluft infolge Sonneneinstrahlung durch die Fenster niedrig. Die in diesen Schichten gespeicherte Wärmemenge wird erst dann an den Raum abgegeben, wenn sie durch Lüftung abgeleitet werden kann. Im Winter wird die tagsüber gespeicherte Sonnenenergie abends zur Raumheizung genutzt.

Bei Bauteiltyp D wird die massive Betonschicht durch eine innenseitige Wärmedämmschicht abgedeckt. Diese Maßnahme vermindert sowohl die Dämpfung als auch die Nutzung der Sonnenenergie. Der Wärmeschutz im Sommer, hier gekennzeichnet durch das TAV, ist um den Faktor 13 schlechter als bei Typ B mit außenliegender Dämmschicht.

Die Leichtbauweise Typ E hat ebenfalls keine wärmespeichernden Schichten. Die Schwankungen der Raumlufttemperatur sind wesentlich größer als bei den Wandtypen A bis C.

Zur Beurteilung des bauphysikalischen Verhaltens ganzer Gebäude kommt es nicht nur darauf an, daß die einzelnen Bauteile die Anforderungen erfüllen.

Genau so wichtig sind optimale Lösungen für Anschlüsse, Verbindungen und Knotenpunkte. Die nachfolgenden Kapitel enthalten daher neben bauphysikalischen Kennwerten für Wände und Decken auch konstruktive Hinweise und Lösungsvorschläge. Weitere Detaillösungen sind in den Veröffentlichungen [28, 29 und 30] enthalten.

4.2 Außenwände

Ein- und mehrschichtige Außenwände können bestehen aus fugenlosen, großformatigen Bauteilen (z. B. Ortbeton oder Fertigteile), aus Bauplatten und aus Mauerwerk. Einen Überblick über die Arten zementgebundener Mauersteine und Bauplatten sowie über Maße und Formate von Leichtbetonblöcken enthalten die Tafeln 56 und 57.

Tafel 56: Arten zementgebundener Steine und Bauplatten

1	2	3	4	5	6	7	8
Steinart	DIN	Zeichen	Festigkeitsklassen N/mm²				Rohdichte- klassen kg/dm³
Hohlwandplatten aus Leichtbeton	18148	Hpl	2	–	–	–	0,60 bis 1,40
Hohlblocksteine aus Leichtbeton	18151	Hbl	2	4	6	8	0,50 bis 1,40
Vollsteine und Vollblöcke aus Leichtbeton	18152	V Vbl	2	4	6	8, 12	0,40 bis 2,00
Mauersteine aus Beton	18153	Hbn, Vbn, Vn, Vm, Vmb	–	4	6	8 bis 48	1,20 bis 1,80
Wandbauplatten aus Leichtbeton	18162	Wpl	Biegezugfestigkeit $\beta_{BZ} \geqq 0,8$ N/mm²				0,80 bis 1,40
Hüttensteine	398	HHbl	–	–	6	12 bis 18	1,00 bis 2,00
Porenbeton- Blocksteine	4165	G	2	4	6	–	0,40 bis 0,80
Porenbeton- Blocksteine	4166	G	Biegezugfestigkeit $\beta_{BZ} \geqq 0,4$ N/mm²				0,40 bis 0,80

Tafel 57: Maße, Formate und Bedarfsmengen für Mauerwerk aus Leichtbeton-Blöcken

	1	2	3	4	5	6	7	8	9
	Maße			Format		Bedarf/m² [3]		Bedarf/m³ [3]	
	Länge[1] mm	Breite[2] mm	Höhe mm	Kurz-zeichen	DF	Steine Stck	Mörtel ltr	Steine Stck	Mörtel ltr
1	245		238	17,5 k	6	16,0	17	92	99
2	370	175	175	17,5 mx	6¾	14,2	18	81	103
3			238	17,5 m	9	10,7	15	61	85
4	495		175	17,5 x	9	10,7	17	61	95
5			238	17,5	12	8,0	14	46	77
6	245		175	24 kx	6	21,3	28	89	117
7			238	24 k	8	16,0	24	67	99
8	370	240	175	24 mx	9	14,2	25	59	102
9			238	24 m	12	10,7	21	45	85
10	495		175	24 x	12	10,7	23	45	95
11			238	24	16	8,0	18	33	77
12	245		175	30 kx	7½	21,3	35	71	117
13			238	30 k	10	16,0	30	53	99
14	370	300	175	30 mx	11¼	14,2	31	47	102
15			238	30 m	15	10,7	26	36	85
16	495		175	30 x	15	10,7	29	36	95
17			238	30	20	8,0	23	27	77
18	245		175	36,5 kx	9	21,3	43	58	117
19			238	36,5 k	12	16,0	36	44	99
20	370	365	175	36,5 mx	13½	14,2	37	39	102
21			238	36,5 m	18	10,7	31	29	85
22	495		175	36,5 x	18	10,7	35	29	95
23			238	36,5	24	8,0	28	22	77

[1] Die hier angegebenen Längen gelten für Steine, die bei der Verlegung dicht („knirsch") gestoßen werden. Für Steine, die mit aufgezogener Stoßfuge verlegt werden, sind 5 mm geringere Längen (240 mm bzw. 365 mm bzw. 490 mm) normgerecht.

[2] Steinbreite in der Regel gleich Wanddicke.

[3] Die Bedarfsmengen verstehen sich für Wanddicke = Steinbreite.
Die Steinmengen sind theoretische Werte ohne Verlustzuschlag bei der Verarbeitung.
Die Angaben für den Mörtelbedarf sind überschlägige Werte. Sie enthalten einen Zuschlag von 15% für Verlust bei der Verarbeitung.

4.2.1 Einschichtige Außenwände

Sehr leichte Betone, wie Porenbeton oder haufwerksporiger Leichtbeton einschließlich der Hohlblock- und Vollblocksteine mit Zuschlägen aus Bims oder Blähton, erfüllen aufgrund ihrer niedrigen Wärmeleitfähigkeit die Anforderungen der Wärmeschutzverordnung ohne zusätzliche Wärmedämmschicht. Bauphysikalische Kennwerte für den Wärme-, Schall- und Brandschutz solcher Außenwände einschließlich beidseitigem Verputz sind in Tafel 58 enthalten.

Die Tafel ist geordnet nach dem Rechenwert der Wärmeleitfähigkeit und berücksichtigt die Steinbreiten 24, 30 und 36,5 cm. Sie enthält nur wärmedämmendes Mauerwerk mit k-Werten $\leq 0,60$ W/m^2 K, denn dies ist etwa der obere Grenzwert für Außenwände, wie zahlreiche Berechnungen nach der Wärmeschutzverordnung zeigen.

Bei einem k-Wert von maximal 0,60 W/m^2 K können 24 cm dicke Wände nur mit Rechenwerten der Wärmeleitfähigkeit $\leq 0,16$ W/m K eingesetzt werden. Bei 30 cm dicken Wänden liegt die Grenze bei einer Wärmeleitfähigkeit von 0,20 W/m K und bei 36,5 cm dicken Wänden bei 0,25 W/m K.

Da Außenwände auch Schallschutzaufgaben haben, sind in Tafel 58 Flächengewichte m_d in kg/m^2 und bewertete Schalldämm-Maße R'_w in dB angegeben. Alle in Tafel 58 aufgeführten Wände erreichen die höchste Feuerwiderstandsklasse F 180-A. Ab einer Wanddicke von 30 cm erfüllen sie auch bei Rohdichteklassen $\leq 0,6$ die Anforderungen an eine Brandwand.

4.2.1.1 Genormte Baustoffe

Rechenwerte der Wärmeleitfähigkeit für großformatige Bauteile, Bauplatten und Mauerwerk aus genormten Baustoffen enthält DIN 4108 „Wärmeschutz im Hochbau", Teil 4. In Tafel 59 sind solche Werte zusammengestellt. Dabei wurden nur Bauteile mit Rechenwerten der Wärmeleitfähigkeit $\leq 0,25$ W/m K in die Tafel aufgenommen. Bei Mauerwerk sind nur Werte unter Verwendung von Leichtmauermörtel angegeben.

Mit den Angaben in Tafel 59 lassen sich aus Tafel 58 die bauphysikalischen Kennwerte, z. B. von einschichtigen Wänden aus Mauerwerk, ablesen.

Ablesebeispiel: Gesucht wird eine Außenwand aus Mauerwerk mit einem k-Wert von 0,45 W/m^2 K. Nach Tafel 58 ist dafür bei 300 mm Wanddicke (Steinbreite) ein λ-Rechenwert von 0,15 und bei einer Steinbreite von 365 mm ein solcher von 0,18 W/m K erforderlich.

In Tafel 59 finden wir den λ-Rechenwert 0,15 bei Porenbeton-Plansteinen mit der Rohdichte 400 kg/m^3 und bei Vollblöcken S-W aus Naturbims mit einer Rohdichte von 500 kg/m^3. Den λ-Rechenwert von 0,18 finden wir bei Mauerwerk aus Vollblöcken mit Naturbims bei einer Rohdichte von 600 kg/m^3 und bei Vollblöcken aus Blähtonbeton mit einer Rohdichte von 500 kg/m^3.

Tafel 58: Bauphysikalische Kennwerte von Mauerwerk einschließlich Putz aus Leicht- und Porenbetonsteinen

Spalte	1	2	3	4	5	6	7
		Wärmeschutz			Schallschutz		Brandschutz
Steinbreite	Rohdichte-klasse	λ_R	$1/\Lambda$	k	m_d	R'_W[1]	Feuerwider-standsklasse
mm		W/mK	m²K/W	W/m²K	kg/m²	dB	
240	0,35	0,11	2,22	0,42	134	40	
300	0,35	0,11	2,77	0,34	156	42	
365	0,35	0,11	3,36	0,29	180	43	
240	0,4	0,12	2,04	0,45	143	41	
300	0,4	0,12	2,54	0,37	168	42	
365	0,4	0,12	3,08	0,31	195	44	
240	0,5	0,12	2,04	0,45	165	42	
300	0,5	0,12	2,54	0,37	195	44	
365	0,5	0,12	3,08	0,31	227	46	
240	0,5	0,13	1,89	0,49	165	42	
300	0,5	0,13	2,35	0,40	195	44	
365	0,5	0,13	2,85	0,33	227	46	
240	0,5	0,14	1,75	0,52	165	42	
300	0,5	0,14	2,18	0,43	195	44	
365	0,5	0,14	2,65	0,35	227	46	
240	0,6	0,15	1,64	0,55	187	44	
300	0,6	0,15	2,04	0,45	222	46	
365	0,6	0,15	2,47	0,38	260	47	F 180 A
240	0,7	0,16	1,54	0,58	208	45	
300	0,7	0,16	1,92	0,48	249	47	
365	0,7	0,16	2,32	0,40	293	49	
300	0,7	0,17	1,88	0,51	249	47	
365	0,7	0,17	2,18	0,43	293	49	
300	0,7	0,18	1,71	0,53	249	47	
365	0,7	0,18	2,07	0,45	293	49	
300	0,7	0,19	1,62	0,56	249	47	
365	0,7	0,19	1,96	0,47	293	49	
300	0,8	0,20	1,54	0,58	279	48	
365	0,8	0,20	1,87	0,49	329	50	
365	0,8	0,21	1,78	0,51	329	50	
365	0,8	0,22	1,70	0,54	329	50	
365	0,8	0,23	1,63	0,56	329	50	
365	0,8	0,24	1,56	0,58	329	50	
365	0,8	0,25	1,50	0,60	329	50	

[1] Bei verputzten Wänden aus Porenbeton und Leichtbeton mit Blähton als Zuschlag darf bei Rohdichten ≤ 800 kg/dm³ und Flächengewichten ≤ 250 kg/m² der R'_w-Wert um 2 dB höher angesetzt werden.

122

Tafel 59: Rechenwerte der Wärmeleitfähigkeit und Rohdichten zementgebundener Baustoffe nach DIN 4108 Teil 4

Baustoffe und Bauteile	Rohdichte[1] kg/m³	Rechenwert der Wärme- leitfähigkeit λ_R W/m K
Großformatige Bauteile		
dampfgehärteter Porenbeton nach DIN 4223	400	0,14
	500	0,16
	600	0,19
	700	0,21
	800	0,23
Leichtbeton mit haufwerksporigem Gefüge, z. B. nach DIN 4232		
mit porigen Zuschlägen nach DIN 4226 Teil 2 ohne Quarzsandzusatz	600	0,22
ausschließlich unter Verwendung von Naturbims	500	0,15
	600	0,18
	700	0,20
	800	0,24
ausschließlich unter Verwendung von Blähton	500	0,18
	600	0,20
	700	0,23
Bauplatten		
Porenbeton-Bauplatten, unbewehrt, nach DIN 4166		
mit normaler Fugendicke und Mauermörtel nach DIN 1053 Teil 1 verlegt	500	0,22
	600	0,24
dünnfugig verlegt	500	0,19
	600	0,22
	700	0,24
Mauerwerk mit Leicht- oder Dünnbettmörtel		
Mauerwerk aus Betonsteinen und Porenbeton-Plansteinen		
Porenbeton-Plansteine (GP)	400	0,15
	500	0,17
	600	0,20
	700	0,23

Tafel 59: Fortsetzung

Baustoffe und Bauteile	Rohdichte[1] kg/m³	Rechenwert der Wärme-leitfähigkeit λ_R W/m K
Vollblöcke S-W aus Naturbims		
Länge ≥ 490 mm	500 600 700 800	0,15 0,18 0,20 0,24
Länge *l*: 240 mm ≤ *l* < 490 mm	500 600 700	0,16 0,18 0,20
Vollblöcke S-W aus Blähton oder aus einem Gemisch aus Blähton und Naturbims		
Länge ≥ 490 mm	500 600 700	0,18 0,20 0,23
Länge *l*: 240 mm ≤ *l* < 490 mm	500 600 700	0,18 0,20 0,24
Hohlblöcke aus Leichtbeton ohne Quarzsandzusatz	500	0,23

[1] Die bei Mauerwerk genannten Rohdichten entsprechen den Rohdichteklassen (0,4 bis 0,8) der Stein-Normen

Das gesuchte Mauerwerk besteht bei 300 mm Steinbreite aus Naturbims Vbl S-W 0,5 oder Porenbeton GP 0,4 und bei 365 mm Steinbreite aus Naturbims Vbl, S-W 0,6 oder Blähton Vbl S-W 0,5.

4.2.1.2 Zugelassene Baustoffe

Für die Berechnung des Wärmeschutzes nach der Wärmeschutzverordnung dürfen nur Stoffwerte verwendet werden, die im Bundesanzeiger veröffentlicht wurden. Dazu gehören auch bauaufsichtlich zugelassene Baustoffe, Bauteile und Bauarten. Bauaufsichtliche Zulassungen werden widerruflich auf fünf Jahre erteilt. Sie können auf Antrag um höchstens fünf Jahre verlängert werden. Bauaufsichtliche Zulassungen sind häufig die Vorstufe zur Normung der entsprechenden Baustoffe und Bauarten. Tafel 60 enthält Rohdichteklassen und Rechenwerte der Wärmeleitfähigkeit für Mauerwerk aus Leicht- und Porenbetonsteinen nach dem Stand vom Juli 1994.

Tafel 60: Rechenwerte der Wärmeleitfähigkeit λ_R von Mauerwerk aus Leicht- und Porenbetonsteinen mit bauaufsichtlicher Zulassung, Stand Juli 1994

Mauerwerk	Rohdichteklasse	Wärmeleitfähigkeit λ_R W/m K
Liapor-Systemblöcke Steinlänge jeweils	0,5	a 0,13 b 0,14 c 0,16
a 496 mm b 372 mm c 246 mm	0,6	a 0,16 b 0,16 c 0,18
	0,7	a 0,18 b 0,18 c 0,21
	0,8	a 0,21 b 0,21 c 0,24
Liapor-Systemblöcke und Liapor-Vollwärme-Blöcke	0,5 0,6 0,7 0,8	0,14 0,16 0,18 0,21
Liapor-Vollwärmeblock Steinlänge 497 mm	0,5 0,6 0,7 0,8	0,14 0,16 0,18 0,21
Steinlänge 247 mm	0,5 0,6 0,7 0,8	0,14 0,16 0,21 0,21
Mauerwerk aus Liapor-System-Planblöcken im Dünnbettverfahren Steinhöhe 372 mm	0,6 0,7	0,16 0,18
Steinhöhe 246 mm	0,6 0,7	0,21 0,24
Mauerwerk aus Liaplan-Steinen im Dünnbettverfahren	0,6 0,7 0,8	0,16 0,18 0,21
Liapor-Mauerblöcke mit vermörtelten Stoßfugen	0,5 0,6	0,18 0,21

Tafel 60: Fortsetzung

Mauerwerk	Rohdichteklasse	Wärmeleitfähigkeit λ_R W/m K
Bisotherm-Vollblöcke SW PLUS mit Nut und Federn ohne Stoßfugenvermörtelung	0,5 0,6 0,7 0,8	0,12 0,14 0,16 0,18
Bisopor-Leichtbetonsteine	0,5 0,6 0,7	0,12 0,14 0,16
Biso-Blöcke mit Nut und Federn ohne Stoßfugenvermörtelung	0,5 0,6 0,7	0,14 0,16 0,18
Biso-Blöcke	0,5 0,6 0,7	0,14 0,16 0,18
Bisotherm-Vollsteine	0,6 0,7	0,16 0,18
KLB-Kalopor-Steine	0,6 0,6 0,8	0,16 0,18 0,24
KLB-Klimaleichtblöcke aus Leichtbeton WB 2-NB	0,5 0,6	0,18 0,21
Klimaleichtblöcke W 2-NB	0,5 0,6	0,18 0,21
W 1-NB	0,5 0,6	0,21 0,24
W 1-BT	0,5	0,24
W 3-NB	0,5 0,6 0,7 0,8	0,16 0,18 0,21 0,24
Behr-Dämmblock Nr. 1	0,5 0,6 0,7 0,8 0,9	0,13 0,14 0,16 0,18 0,21

Tafel 60: Fortsetzung

Mauerwerk	Rohdichteklasse	Wärmeleitfähigkeit λ_R W/m K
Behr Therm-Wärmedämmblöcke	0,5 0,6 0,7	0,16 0,18 0,21
-Leichtblöcke	0,5 0,6 0,7	0,18 0,21 0,24
Dahmit-Therm-Vollblöcke Steinlänge 497 mm	0,6 0,7	0,16 0,18
Steinlänge 242 mm	0,6 0,7	0,18 0,21
Dahmit-Therm-Dämmblöcke Steinlänge 497 mm	0,5 0,6 0,7	0,18 0,21 0,24
Steinlänge 242 mm	0,5 0,6	0,21 0,24
Thermolith-Mauerblöcke mit vermörtelter Stoßfuge Steinlänge 497 mm	0,5 0,6 0,7	0,14 0,16 0,21
Steinlänge 247 mm	0,5 0,6 0,7	0,16 0,18 0,21
Thermolith-Leichtblöcke Stoßfugen vermörtelt	0,5 0,6 0,7	0,16 0,18 0,21
Stoßfugen nicht vermörtelt	0,5 0,6 0,7	0,18 0,18 0,21
Calimax-K-Wärmedämmstein	0,6 0,8	0,16 0,18
P-Planstein	0,7 0,8	0,18 0,21
Wärmedämmstein	0,6 0,7	0,13 0,16

Tafel 60: Fortsetzung

Mauerwerk	Rohdichteklasse	Wärmeleitfähigkeit λ_R W/m K
Pumix-Leichtbausteine aus Leichtbeton	0,5 0,6 0,7 0,8	0,16 0,18 0,21 0,24
Calorit-Mauerblöcke	0,5 0,6 0,7 0,8	0,16 0,18 0,21 0,21
RH-Therm-Wärmeblöcke	0,6 0,7	0,18 0,21
Vollblöcke SW N + F	0,6 0,7 0,8	0,16 0,16 0,18
Vollblöcke Vbl-300-S 3	0,5	0,14
Vollblöcke S 3	0,5	0,14
Mauerblöcke S 2	0,5 0,6	0,21 0,24
Mauerblöcke S 1	0,5 0,6	0,16 0,18
Doppelzahn-WD-Wärme-dämmblöcke	0,5 0,6 0,7	0,16 0,18 0,21
LBL-Leichtblöcke	0,5 0,6 0,7	0,18 0,21 0,24
Mauerblöcke Mbl 300	0,5 0,6	0,21 0,24
Röwaton-Klimablöcke	0,5	0,13
Rika-Blöcke mit elliptischer Lochung	0,5 0,6 0,7	0,16 0,18 0,24
Hebel-Planstein W	0,35 0,4 0,5 0,6 0,7 0,8	0,11* 0,12 0,16 0,18 0,21 0,24

* Nachtrag, Februar 1995

128

Tafel 60: Fortsetzung

Mauerwerk	Rohdichteklasse	Wärmeleitfähigkeit λ_R W/m K
Ytong-Plansteine W (Planblock W)	0,4 0,5 0,6	0,12 0,16 0,18
Siporex Plansteine W	0,4	0,13
Mauerwerk aus Porenbeton-Planelementen	0,4 0,5 0,6 0,7	0,16 0,16 0,21 0,24

Es wurden nur Mauerwerk mit Rechenwerten der Wärmeleitfähigkeit $\leq 0{,}25$ W/m K mit Leichtmauermörtel berücksichtigt. Da bauaufsichtliche Zulassungen verfallen und neue Baustoffe und Bauarten zugelassen werden können, sind die Angaben in Tafel 60 nur für bestimmte Zeit gültig. Sie müssen daher permanent auf dem laufenden gehalten werden. Dazu dienen die Bekanntmachungen im Bundesanzeiger.

Mit den Angaben in Tafel 60 lassen sich aus Tafel 58 ebenfalls die bauphysikalischen Kennwerte des Wärme-, Schall- und Brandschutzes für einschichtiges Mauerwerk ablesen.

4.2.1.3 Konstruktive Hinweise

An vielen Punkten eines Gebäudes treffen Baustoffe bzw. Bauteile mit unterschiedlicher Wärmeleitfähigkeit zusammen, z. B. ein Stahlbetonunterzug mit einer Außenwand aus Leichtbetonsteinen. An solchen Wärmebrücken besteht nicht nur die Gefahr der Tauwasserbildung, sondern es geht auch unnötig viel Wärme verloren. Deshalb muß der Weg des Wärmestromes durch Einbau von Wärmedämmstreifen soweit verlängert werden, bis auch an dieser Stelle akzeptable Werte für den Wärmeschutz erreicht werden. Dazu ist ein Wärmedämmstreifen auf der Außenseite des Unterzugs in ausreichender Dicke und Breite erforderlich. Es ist sinnvoll, die Dämmplatte über die erste Steinlage des Mauerwerks weiterzuführen (Bild 36). Wird die Wand aus 300 mm breiten Blöcken gemauert, so muß die erste Steinlage oberhalb des Sturzes aus 240 mm breiten Blöcken bestehen.

Um Wärmebrücken zu vermeiden, aber auch um eine gleichmäßige Putzhaftung zu ermöglichen und eine zwängungsfreie Bewegung unter den Einflüssen des Außenklimas zu erreichen, sollte Mauerwerk nur aus Steinen eines Baustoffes hergestellt werden. Wenn die im Einzelfall erforderlichen Formate mit Hilfe eines Steinschnittplanes ermittelt werden, können Wärmebrücken an Decken- und Dachanschlüssen gedämmt werden; siehe Bilder 36, 37 und 39.

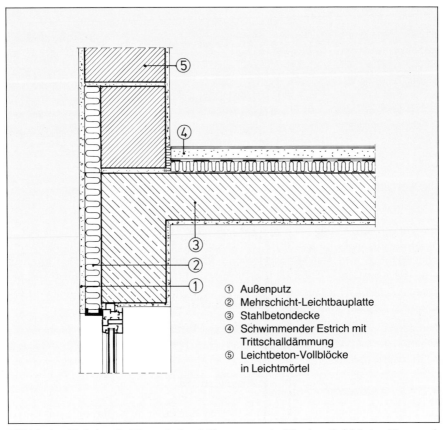

① Außenputz
② Mehrschicht-Leichtbauplatte
③ Stahlbetondecke
④ Schwimmender Estrich mit Trittschalldämmung
⑤ Leichtbeton-Vollblöcke in Leichtmörtel

Bild 36: Anschluß einer Stahlbetondecke mit Unterzug an eine Wand aus Leichtbeton-Mauerwerk

4.2.2 Mehrschichtige Außenwände

Mauersteine höherer Rohdichteklassen und Bauteile aus Normalbeton werden für mehrschichtige Außenwände mit Wärmedämmschicht und für Zwischen- und Trennwände mit tragenden, schalldämmenden oder Brandschutzfunktionen verwendet. Bild 40 enthält Beispiele für den konstruktiven Aufbau mehrschichtiger Außenwände aus Betonsteinmauerwerk und aus Normalbeton.

Zur Vermeidung von Tauwasserniederschlag im Querschnitt mehrschichtiger Konstruktionen ist darauf zu achten, daß der Wasserdampfdurchlaßwiderstand der einzelnen Bauteilschichten möglichst von innen nach außen abnimmt. In Zweifelsfällen ist ein Nachweis nach DIN 4108, Teil 3, zu führen. Siehe auch Abschnitt 2.2.1.4.

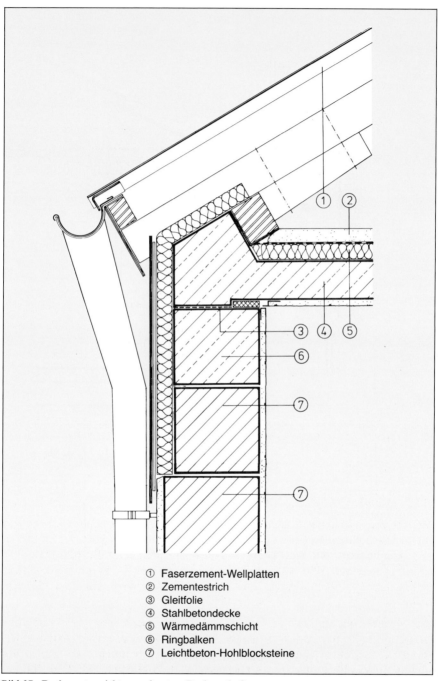

1. Faserzement-Wellplatten
2. Zementestrich
3. Gleitfolie
4. Stahlbetondecke
5. Wärmedämmschicht
6. Ringbalken
7. Leichtbeton-Hohlblocksteine

Bild 37: Decke unter nicht ausgebautem Dachgeschoß

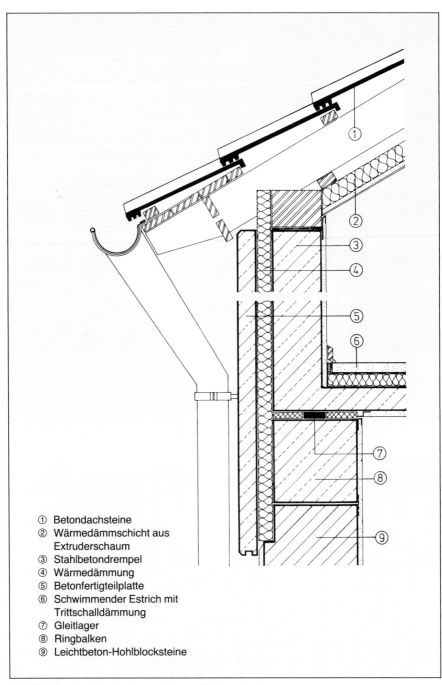

① Betondachsteine
② Wärmedämmschicht aus
   Extruderschaum
③ Stahlbetondrempel
④ Wärmedämmung
⑤ Betonfertigteilplatte
⑥ Schwimmender Estrich mit
   Trittschalldämmung
⑦ Gleitlager
⑧ Ringbalken
⑨ Leichtbeton-Hohlblocksteine

Bild 38: Geneigtes Dach mit ausgebautem Dachgeschoß

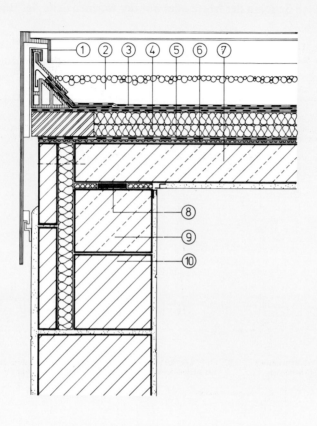

① Faserzement-Dachblende (Herforder Dachkante)
② Kiesschüttung
③ Dachhaut mit Dampfdruckausgleichsschicht
④ Wärmedämmschicht
⑤ Dampfsperre
⑥ Dampfdruckausgleichsschicht
⑦ Stahlbetondecke
⑧ Gleitlager
⑨ Ringbalken
⑩ Leichtbeton-Vollblöcke in Leichtmörtel

Bild 39: Nicht belüftetes Dach (Warmdach)

Die bauphysikalischen Eigenschaften bei mehrschichtigen Außenbauteilen sind vor allem abhängig von Art und Lage der Wärmedämmschicht, ob diese auf der kalten Seite, in der Mitte oder auf der warmen Seite des Bauteils angebracht wird.

Für den Wärmeschutz im Winter ist vor allem die Wärmeleitfähigkeit und die Dicke der Wärmedämmschicht ausschlaggebend. Für den Wärmeschutz im

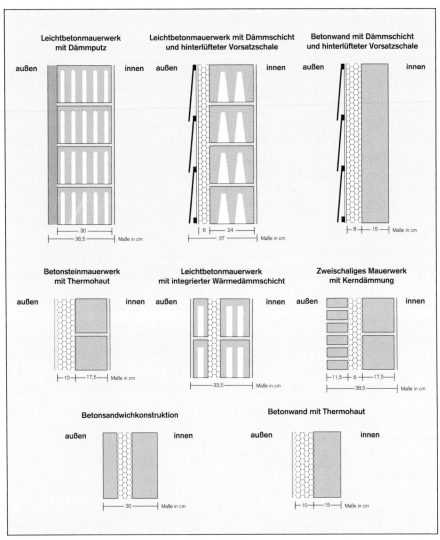

Bild 40: Mehrschichtige Außenwände (Beispiele); je nach Dicke der Wärmedämmschicht weisen diese Konstruktionen k-Werte zwischen 0,3 W/m²K und 0,5 W/m²K auf [31]

Sommer und den Feuchteschutz soll die Wärmedämmschicht jedoch möglichst weit außen, also auf der kalten Seite des Bauteils, angeordnet werden.

Mehrschichtige Außenwände aus Beton erfüllen auch alle Anforderungen des Brandschutzes im Wohnungsbau auch mit brennbaren Wärmedämmschichten der Baustoffklasse B1 und B2. Nur bei besonderen Anforderungen an den Brandschutz, wie bei Brandwänden (F90-A) oder Komplextrennwänden (F180-A), sind ausschließlich nichtbrennbare Wärmedämmschichten der Baustoffklasse A zulässig.

Tafel 61 enthält bauphysikalische Kennwerte von Außenwänden aus Normalbeton mit Wärmedämmschicht.

4.2.2.1 Konstruktive Hinweise

Bei hinterlüfteten Fassaden aus Betonbauteilen vor einer Wärmedämmschicht muß die Luftschicht mindestens 20 mm dick sein, wenn die Tragschicht aus Stahlbeton besteht. Sie muß mindestens 40 mm dick sein, wenn Mauerwerk die Tragschicht bildet. Die horizontalen Be- und Entlüftungsschlitze am unteren und oberen Abschluß der Luftschicht sollen 1 bis 3‰ der zu entlüftenden Wandfläche betragen. Besteht die Wärmedämmschicht aus einem Baustoff mit hoher Dampfdurchlässigkeit, gilt der größere Wert. Die Luftschicht muß am unteren Abschluß entwässert werden. Bei einer Fassadenbekleidung aus Betonwerkstein können die Lüftungsschlitze entfallen, wenn die Fugen offenbleiben und mindestens 4 mm breit sind.

Bei zweischaligem Mauerwerk mit Luftschicht muß die Außenschale mindestens 115 mm, die Luftschicht 60 mm dick sein. Wird auf der Außenseite (kalte Seite) der Innenschale eine zusätzliche Wärmedämmschicht aufgebracht, darf der lichte Abstand der Mauerwerksschalen 120 mm nicht überschreiten. Die Luftschicht muß in diesem Fall mindestens 40 mm dick sein. Zur weiteren Verbesserung der Wärmedämmung kann der gesamte Schalenzwischenraum (120 mm) mit Dämmstoff ausgefüllt werden.

Bei einer hinterlüfteten Fassade muß ein Wärmedämmstoff der Baustoffklasse A, B1 oder B2, bei Hochhäusern der Baustoffklasse A nach DIN 4102 eingebaut werden.

Bei innenliegender Wärmedämmschicht kann eine Dampfbremse mit einem Teildiffusionswiderstand von mindestens 20 m, z. B. 0,2 mm dicke PE-Folie, erforderlich werden.

Der Wetterschutz mehrschichtiger Außenwandplatten (Bild 41) führt gegenüber der inneren Betontragschicht Längenänderungen aus. Die Beweglichkeit der Verbindungsanker muß auf Temperaturdifferenzen zwischen der Einbautemperatur und Grenzwerten von $-20\,°C$ und $+80\,°C$ abgestellt sein. Verankerungen aus Stahl müssen aus nichtrostendem Material bestehen.

Tafel 61: Bauphysikalische Kennwerte von Außenwänden aus Normalbeton (Beispiele)

Wandaufbau		Wärmeschutz			Masse	Schall-schutz	Brandschutz
Schichtfolge	s mm	$1/\Lambda$ m^2K/W	k W/m^2K		m_d kg/m^2	R'_w dB	Feuerwider-standsklasse
Vorsatzschale aus gestaltetem Beton	60						$s_i = 120$ mm: F 30–A, $u_2 \geq 12$ mm
Kerndämmung aus Mineral-faserplatte der WLF 040[1] (15% Abzug für Anker)	≥ 70 80 100 120	1,36 1,79 2,11 2,55	0,65 0,51 0,44 0,37				$s_i = 140$ mm: F 60–A, $u_2 \geq 25$ mm
Tragschale aus Normalbeton	120 150				414 483	53 55	$s_i = 170$ mm: F 90–A, $u_2 \geq 35$ mm
Vorsatzschale aus gestaltetem Beton	≥ 70						$s_i = 120$ mm: F 30–AB, $u_2 \geq 12$ mm
Kerndämmung aus Hartschaum-platte der WLF 035[1] (15% Abzug für Anker)	60 80 100 120	1,55 2,04 2,51 2,96	0,58 0,45 0,37 0,32				$s_i = 140$ mm: F 60–AB, $u_2 \geq 25$ mm
Tragschale aus Normalbeton	120 150				414 483	51 53	$s_i = 170$ mm: F 90–AB, $u_2 \geq 35$ mm
Außendämmung Dispersionsputz	5						
Mineralfaser-platte WLF 040[1]	60 80 100 120	1,59 2,09 2,59 3,09	0,56 0,44 0,36 0,31			54	F 90–A, $u_1 \geq 25$ mm
Hartschaum-platte WLF 035[1]	60 80 100 120	1,80 2,38 2,95 3,52	0,51 0,39 0,32 0,27			51	F 90–AB, $u_1 \geq 25$mm
Haftmörtel Normalbeton Innenputz	3 150 10				345 20		

[1] WLF = Wärmeleitfähigkeitsgruppe

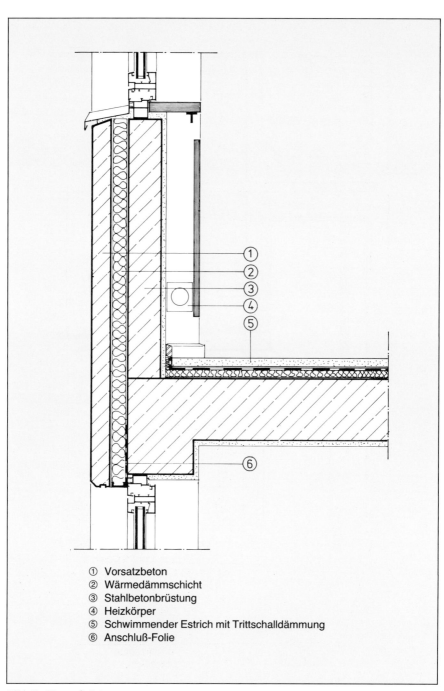

① Vorsatzbeton
② Wärmedämmschicht
③ Stahlbetonbrüstung
④ Heizkörper
⑤ Schwimmender Estrich mit Trittschalldämmung
⑥ Anschluß-Folie

Bild 41: Fensterbrüstung

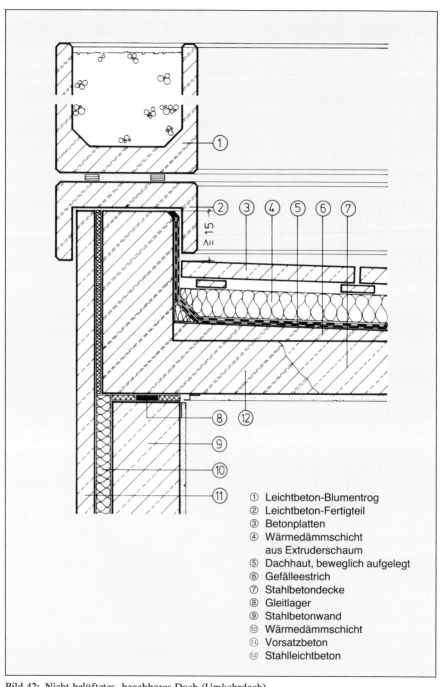

① Leichtbeton-Blumentrog
② Leichtbeton-Fertigteil
③ Betonplatten
④ Wärmedämmschicht
   aus Extruderschaum
⑤ Dachhaut, beweglich aufgelegt
⑥ Gefälleestrich
⑦ Stahlbetondecke
⑧ Gleitlager
⑨ Stahlbetonwand
⑩ Wärmedämmschicht
⑪ Vorsatzbeton
⑫ Stahlleichtbeton

Bild 42: Nicht belüftetes, begehbares Dach (Umkehrdach)

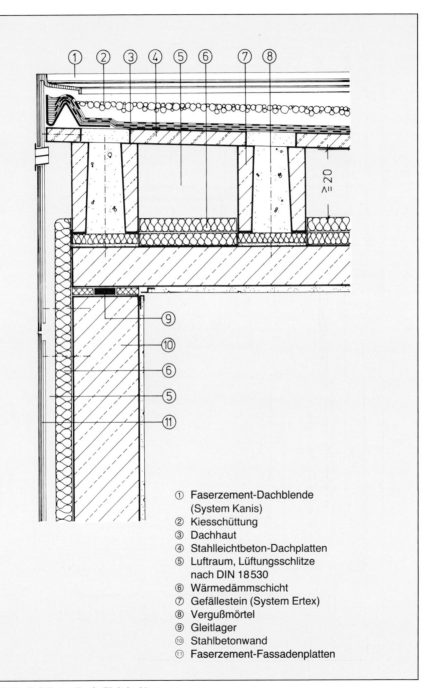

① Faserzement-Dachblende
  (System Kanis)
② Kiesschüttung
③ Dachhaut
④ Stahlleichtbeton-Dachplatten
⑤ Luftraum, Lüftungsschlitze
  nach DIN 18530
⑥ Wärmedämmschicht
⑦ Gefällestein (System Ertex)
⑧ Vergußmörtel
⑨ Gleitlager
⑩ Stahlbetonwand
⑪ Faserzement-Fassadenplatten

Bild 43: Belüftetes Dach (Kaltdach)

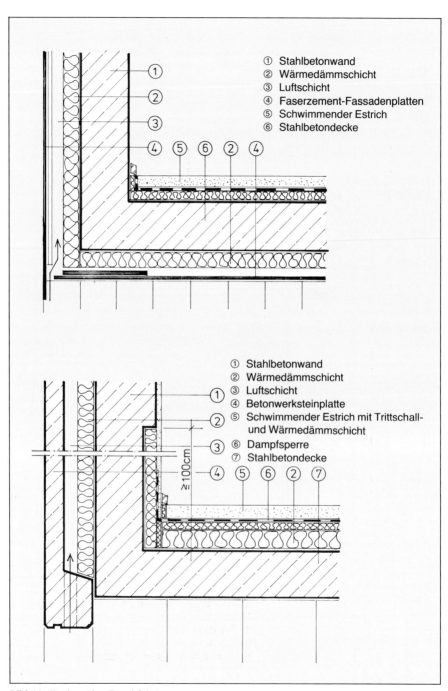

① Stahlbetonwand
② Wärmedämmschicht
③ Luftschicht
④ Faserzement-Fassadenplatten
⑤ Schwimmender Estrich
⑥ Stahlbetondecke

① Stahlbetonwand
② Wärmedämmschicht
③ Luftschicht
④ Betonwerksteinplatte
⑤ Schwimmender Estrich mit Trittschall- und Wärmedämmschicht
⑥ Dampfsperre
⑦ Stahlbetondecke

Bild 44: Decken über Durchfahrten

Die Luftschalldämmung mehrschaliger massiver Wände ist nicht nur vom Wandgewicht abhängig. Werden auf der Seite der Schallquelle steife Wärmedämmplatten ganzflächig mit der Betonschicht verbunden, so ist die Luftschalldämmung in mittleren Frequenzbereichen sogar schlechter als ohne Dämmplatten. Es sollten daher nur Dämmplatten mit geringer dynamischer Steife verwendet werden und diese nur an wenigen Stellen mit der Betonschicht verbunden werden.

Beispiele für die Vermeidung von Wärmebrücken beim Anschluß mehrschaliger Außenwände an Decken zeigen die Bilder 41 bis 44.

4.3 Haustrennwände

Bei aneinandergereihten Gebäuden (Reihenhäuser) ist der Wärmeschutz-Nachweis für jedes einzelne Gebäude zu führen. Die Flächen der Gebäudetrennwände werden bei der Berechnung nicht berücksichtigt.

Anforderungen der DIN 4108 an den Wärmeschutz beschränken sich auf Wohnungstrenn- und Treppenraumwände. Sie liegen bei k-Werten von 1,96 W/m² K. Bei einer Ausführung in Mauerwerk bereiten diese Anforderungen keine Schwierigkeiten.

Aus schallschutztechnischen Gründen sollten Haustrennwände bei Doppel- oder Reihenhäusern, aber auch bei Mehrfamilienhäusern, zweischalig ausgeführt werden. Die Tafeln 62 und 63 enthalten bauphysikalische Kennwerte für Haustrennwände.

Tafel 62: Haustrennwände aus Normalbeton

Spalte	1	2	3	4	5	6
Wandaufbau		Wärmeschutz		Masse	Schall-schutz	Brandschutz
Schichtfolge	s mm	$1/\Lambda$ m²K/W	k_{lw} W/m²K	m_d kg/m²	R'_w dB	Feuerwider-standsklasse
zwei gleich dicke Schalen aus Normalbeton	2×90 2×130 2×175 2×220	1,08 1,12 1,16 1,20	0,74 0,72 0,70 0,68	400 600 800 1000	62 67 72 77	F 30–A, nicht tragend F 60–A, $u_1 \geqq 15$ mm Brandwand, $u_2 \geqq 35$ mm F 180–A, $u_1 \geqq 55$ mm
Kerndämmung aus Mineral-faserplatte der WLF 040	40					

Tafel 63: Haustrennwände aus Mauerwerk

Spalte	1	2	3	4	5	6	7
Stein-breite mm	Wandaufbau		Wärmeschutz		Masse	Schall-schutz	Brandschutz
	Mörtel	Stein	$1/\Lambda$ m²K/W	k_{lw} W/m²K	m_d kg/m²	R'_w dB	Feuerwider-standsklasse
2×175 (S$_L$ ≧ 30)	Normal-mörtel	Hbl 1 K −1,0 Q −1,2 Q	0,83 0,72	0,92 1,02	422 491	64 66	jede Schale F 90−A
2×240 (S$_L$ ≧ 30)		Hbl 2 K −1,0 Q −1,2 Q	1,07 0,91	0,75 0,86	558 654	68 69	je F 180−A und Brandwand
2×175 (S$_L$ ≧ 30)		Vbl, V −1,0 −1,2	0,97 0,86	0,81 0,89	422 491	64 66	jede Schale F 90−A
2×240 (S$_L$ ≧ 30)		Vbl, V −1,0 −1,2	1,25 1,10	0,66 0,74	558 654	68 69	je F 180−A und Brandwand
2×175 (S$_L$ ≧ 30)		Hbn 1 K −1,4 −1,6 −1,8	0,67 0,62 0,59	1,08 1,14 1,18	561 620 680	68 69 70	
2×240 (S$_L$ ≧ 30)		Hbn 2 K −1,4 −1,6 −1,8	0,85 0,77 0,74	0,90 0,97 1,00	750 832 914	71 72 74	

4.3.1 Konstruktive Hinweise

Bild 45 zeigt Grundriß und Schnitt zweischaliger Haustrennwände, einmal mit einer einschichtigen und zum anderen mit einer mehrschichtigen Außenwand. Die Trennfuge der beiden Schalen soll mindestens 30 mm dick sein und bis zum Fundament durchlaufen. Der Fugenhohlraum ist mit mineralischen Faser-dämmplatten vollflächig auszufüllen. Darauf kann verzichtet werden, wenn das Flächengewicht der Einzelschale ≥200 kg/m² beträgt und die Trennfuge dicker als 30 mm ist.

4.4 Decken

Je nach ihrer Lage im Gebäude können folgende Deckenarten unterschieden werden, die unterschiedliche Funktionen zu erfüllen haben.

142

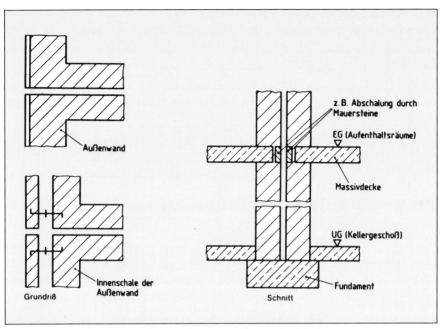

Bild 45: Zweischalige Hauswand aus zwei schweren, biegesteifen Schalen mit bis zum Fundament durchgehender Trennfuge (schematisch) nach Beiblatt 1 zu DIN 4109

☐ Fußböden auf dem Erdreich aufliegend

☐ Kellerdecken

☐ Decken, die Aufenthaltsräume nach unten gegen die Außenluft abschließen (z. B. Durchfahrten)

☐ Decken unter nicht ausgebauten Dachgeschossen

☐ Wohnungstrenndecken

Die Tragkonstruktion dieser Decken wird in der Regel in Stahlbeton ausgeführt. Die erforderliche Wärme- und Schalldämmung wird durch den Einbau von Wärmedämmschichten, von schwimmenden Estrichen und durch das Flächengewicht erreicht.

Decken unter nicht ausgebauten Dachgeschossen bilden den oberen Abschluß von Aufenthaltsräumen gegen den Dachraum. Soll die Möglichkeit eines späteren Ausbaues des Dachgeschosses offen gelassen oder der Dachraum als Abstellraum genutzt werden, dann müssen auch diese Decken begehbar sein.

Es empfiehlt sich, zur Verhinderung von Wasserdampfkondensation eine Dampfsperre möglichst weit zur warmen Seite hin einzubauen, wenn Fuß-

143

bodenbelag, Estrich und Trittschalldämmung zusammen einen höheren Dampfdurchlaßwiderstand aufweisen als die Stahlbetondecke.

Auch bei Kellerdecken und bei Decken über Durchfahrten sollte die Wärmedämmschicht auf der kalten Seite, also unten, eingebaut werden.

Bei der Berechnung des Wärmedurchlaßwiderstandes $1/\Lambda$ sind bei Fußböden, die an das Erdreich grenzen, nur die Schichten zu berücksichtigen, die oberhalb der Feuchtigkeitssperre liegen.

Bauphysikalische Kennwerte von Decken sind in den Tafeln 64 und 65 zusammengestellt.

Tafel 64: Dächer und Decken unter nicht ausgebauten Dachgeschossen

Spalte	1	2	3	4	5	6	7	8
Deckenaufbau		Wärmeschutz				Masse	Schall-schutz	Brand-schutz
Schichtfolge	s mm	λ_R W/mK	$1/\Lambda$ m²K/W	k_{DA} W/m²K	k_{DD} W/m²K	m_d kg/m²	R'_w dB	Feuer-wider-stands-klasse
Wärmedämmung oben: Kiesschüttung 8/32; Dachhaut Wärmedämm-schicht,	60					100		einachsig gespannt: F 30–A,
	100	0,040	2,59	0,36	0,36		54	$u \geqq 10$ mm;
	120	0,040	3,09	0,31	0,30		54	F 90–A,
WLF 040, A2	140	0,040	3,59	0,27	0,26		54	$u \geqq 35$ mm;
	160	0,040	4,09	0,23	0,23		54	F 180–A,
	180	0,040	4,59	0,21	0,21		54	$u \geqq 60$ mm
Dampfsperre $s_d \geqq 100$ m								
Stahlbetonvollplatte;	150	2,1				345		
Putz	15	0,87				20		
Bewehrte Porenbetonplatten Dachhaut GB 3,3–0,5	200	0,16	1,27	0,69	0,68	100	38	
	300	0,16	1,90	0,48	0,47	150	43	
GB 3,3–0,6	200	0,19	1,07	0,81	0,78	120	40	F 90–A,
	300	0,19	1,60	0,56	0,55	180	44	$u \geqq 30$ mm
GB 4,4–0,6	200	0,19	1,07	0,81	0,78	120	40	
	300	0,19	1,60	0,56	0,55	180	44	
GB 4,4–0,7	200	0,21	0,97	0,88	0,85	140	42	
	300	0,21	1,45	0,62	0,60	210	46	
Putz	15	0,87				20		

144

Tafel 65: Kellerdecken und Decken über Durchfahrten

Spalte / Deckenaufbau Schichtfolge	1 s_b mm	2 s_D mm	3 λ_R W/mK	4 $1/\Lambda$ m²K/W	5 k_{DL} W/m²K	6 k_{DK} W/m²K	7 Masse m_d kg/m²	8 Schallschutz R'_w dB	9 ef TSM dB	10 Brandschutz Feuerwiderstandsklasse
Stahlbeton-Rippendecken: ZE, Dämmschichtgruppe I;	35	25/20	0,035				63			Statisch bestimmt gelagert, F90–A, $u_0 \geqq 10$ mm; $a_s \geqq 100$ mm; $u \geqq 35$ mm.
Stahlbetondruckplatte, s_b;	70	40	0,035	1,77	0,51	0,47	161[1]	52	16	
	70	60	0,035	2,34	0,39	0,37	161[1]	52	16	
	70	80	0,035	2,92	0,32	0,31	161[1]	52	16	
Faserdämm-Matten, s_D; Typ: WZ-w oder W-w Unterdecke	70	100	0,035	3,59	0,26	0,25	161[1]			
Stahlbeton-Vollplattendecke: ZE, Dämmschichtgruppe I;	35	15/10	0,035				63		14	einachsig gespannt: F 30–A, $u \geqq 10$ mm; F 90–A, $u \geqq 35$ mm; F 180–A, $u \geqq 60$ mm.
Stahlbetondruckplatte, s_b;	150	40	0,035	1,52	0,58	0,54	345	58		
	150	60	0,035	2,10	0,43	0,41	345	58		
	150	80	0,035	2,67	0,35	0,33	345	58		
Faserdämm-Matten, s_D;	150	100	0,035	2,95	0,32	0,30	345	58		
	35	25/20	0,035				63		20	zweiachsig gespannt: F 30–A, $u \geqq 10$ mm; F 90–A, $u \geqq 15$ mm; F 180–A, $u \geqq 30$ mm.
	150	40	0,035	1,81	0,50	0,47	345	58		
	150	60	0,035	2,38	0,39	0,37	345	58		
	150	80	0,035	2,95	0,32	0,30	345	58		
	35	35/30	0,035				63		22	
	150	40	0,035	2,10	0,43	0,41	345	58		
	150	60	0,035	2,67	0,35	0,33	345	58		
Unterdecke	150	80	0,035	3,24	0,29	0,28	345	58		

1) ohne Rippen

4.4.1 Konstruktive Hinweise

Grenzt eine Decke unmittelbar an das Erdreich, z. B. als Fußboden eines Wohnraums, so ist es zweckmäßig, die Wärmedämmschicht unter dem Estrich einzubauen (Bild 46). Der Anschluß an die Außenwand aus Beton kann ohne Wärmebrücken ausgeführt werden, wenn die Wärmedämmschicht auf der Innenseite der Wand angeordnet wird. Jetzt ist aber eine Dampfsperre erforderlich, deren Teildiffusionswiderstand mindestens 100 m betragen muß, oder die Wärmedämmschicht muß selbst diffusionsdicht sein, wie Schaumglas. Eine typische Außendämmung (Perimeterdämmung) für beheizte Keller zeigt Bild 47.

Bild 44 enthält Konstruktionsbeispiele für Decken, die nach unten an die Außenluft grenzen. Decken gegen einen nicht beheizten und einen beheizten Dachraum zeigen die Bilder 37 und 38.

4.5 Dächer

Dächer werden besonders hoch durch Regen, Schnee, Wind, Hitze und Kälte beansprucht. Dachform und Dachneigung prägen ihr äußeres Erscheinungsbild. Von Flachdächern wird gesprochen, wenn die Dachneigung weniger als 22° beträgt. Weitere Unterscheidungsmerkmale sind die Funktion, das Gewicht der Dächer sowie die brandschutztechnische Unterscheidung in weiche und harte Bedachungen.

Nach der Funktion werden belüftete und nicht belüftete Dächer unterschieden.

Leichte Dächer sind nach der in DIN 4108 getroffenen Einteilung solche mit einer flächenbezogenen Masse von weniger als 300 kg/m². Zu den schweren Dächern gehören Dachdecken aus mindestens 12 cm Beton mit außenliegender Dämmschicht.

Eine harte Bedachung ist widerstandsfähig gegen Flugfeuer und strahlende Wärme, z. B. Betondachsteine. Werden die Anforderungen bei einer Prüfung nicht bestanden, erfolgt die Einstufung als weiche Bedachung.

Der Wärmeverlust durch die Dächer ist besonders groß, da die Dachflächen, insbesondere bei Gebäuden mit geringen Bauhöhen, einen sehr hohen Anteil an den wärmeabgebenden Flächen haben (z. B. 60%). Wärmedämmschichten sind in den Dachflächen bautechnisch relativ einfach und preiswert unterzubringen.

Um Wärmebrücken zu vermeiden, sollten die Wärmedämmplatten in zwei Lagen fugenversetzt eingebaut oder solche mit Stufenfalz verwendet werden. Es ist weiter darauf zu achten, daß die Wärmedämmschicht der Dachkonstruktion mit der Wärmedämmung der Außenwand verbunden wird.

Die Schallschutzfunktion gegen Außenlärm muß durch eine den Lärmpegelbereichen angepaßte Luftschalldämmung der Dächer erfüllt werden.

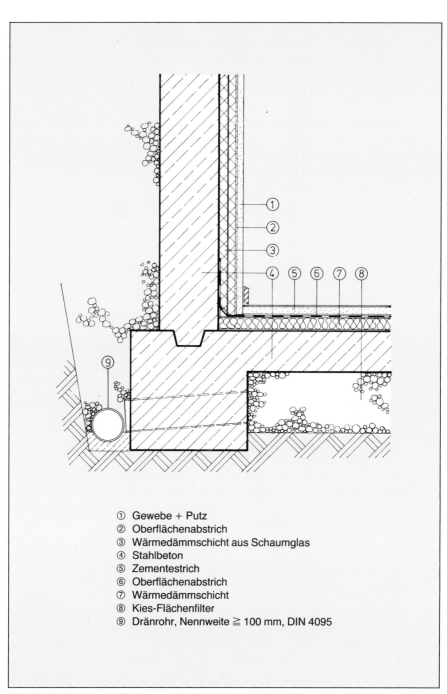

① Gewebe + Putz
② Oberflächenabstrich
③ Wärmedämmschicht aus Schaumglas
④ Stahlbeton
⑤ Zementestrich
⑥ Oberflächenabstrich
⑦ Wärmedämmschicht
⑧ Kies-Flächenfilter
⑨ Dränrohr, Nennweite ≧ 100 mm, DIN 4095

Bild 46: Fußboden und Wand gegen Erdreich

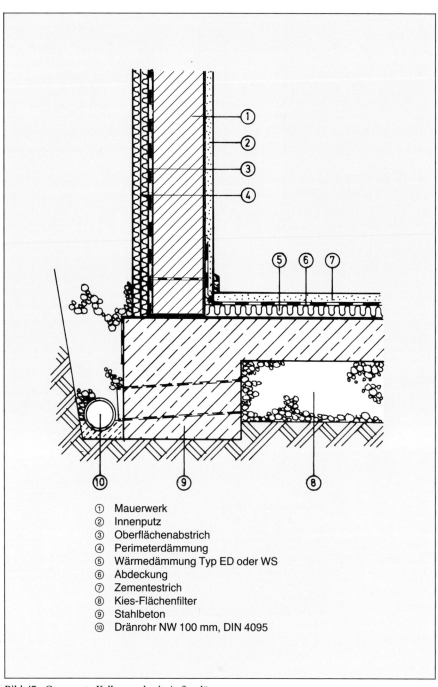

① Mauerwerk
② Innenputz
③ Oberflächenabstrich
④ Perimeterdämmung
⑤ Wärmedämmung Typ ED oder WS
⑥ Abdeckung
⑦ Zementestrich
⑧ Kies-Flächenfilter
⑨ Stahlbeton
⑩ Dränrohr NW 100 mm, DIN 4095

Bild 47: Gemauerte Kellerwand mit Außendämmung

148

Die bauphysikalischen Kennwerte von Dächern entsprechen denen von Decken gegen nicht ausgebaute Dachgeschosse in Tafel 64. Zur Verbesserung des Schallschutzes und des sommerlichen Wärmeschutzes von Dächern bewohnter Dachgeschosse ist es sinnvoll, auch geneigte Dächer in Massivbauweise auszuführen.

4.5.1 Konstruktive Hinweise

Grenzt eine massive Dachdecke beheizte Räume gegen die Außenluft ab, dann sollte die wärmedämmende Schicht auf der Betonplatte angeordnet werden. Diese äußere Dämmschicht muß mindestens 80% des Wärmedurchlaßwiderstandes der gesamten Konstruktion haben. Dadurch werden Längenänderungen der Betonplatte infolge starker Temperaturschwankungen vermindert. Die Wirkung der verbleibenden Längenänderungen auf die Auflager kann durch möglichst kleinen Abstand der Bewegungsfugen, durch Gleitlager oder durch Pendelstützen unschädlich gemacht werden.

Liegt eine Dachdecke aus Beton auf gemauerten Wänden, dann müssen am Auflager Gleitschichten und zur Aufnahme der verbleibenden Reibungskräfte Ringbalken aus Stahlbeton angeordnet werden.

4.5.1.1 Nicht belüftete Dächer

Nicht belüftete Dächer sind einschalige Konstruktionen, bei denen die einzelnen Schichten dicht aufeinander liegen und der gesamte Querschnitt des Daches dem Wärmeschutz dient.

„Umkehrdach"

Beim „umgekehrten" Dach liegt die Dachhaut unterhalb der Wärmedämmschicht, also auf der warmen Seite (Bild 42). Entscheidend ist die Verwendung geschlossenzelliger Dämmplatten, die mit umlaufendem Stufenfalz stets einlagig verlegt werden müssen. Bei der Berechnung des k-Wertes ist ein Vorbehaltemaß Δk von 0,05 W/m² K zu berücksichtigen, das bedeutet in der Regel eine 2 bis 3 cm dicke Wärmedämmschicht. Um ein Aufschwimmen der Dämmschicht zu verhindern, muß die Abdeckung schwer genug sein (z. B. Kiesschüttung, Gehwegplatten oder Betonpflastersteine). Dieser Aufbau gewährleistet gleichzeitig den Schutz der Dachhaut gegen mechanische Beanspruchung, Sonnenstrahlen und Flugfeuer. Eine Voraussetzung für das „Umkehrdach" ist eine Tragkonstruktion mit ausreichender Wärmespeicherfähigkeit und eine funktionsfähige Dachentwässerung.

Warmdach

Das Warmdach (Bild 39) ist eine einschalige Konstruktion, bei der die Dachhaut auf der Wärmedämmschicht liegt. Um Wasserdampfkondensation in der Wärmedämmschicht zu verhindern, muß eine Dampfsperre auf der warmen

Seite eingebaut werden, deren Teildiffusionswiderstand (gleichwertige Luft-schichtdicke) mindestens 100 m betragen muß, z. B. 50 μm dicke Alu-Folie, ein-seitig mit Kunststoff beschichtet, 160 g/m². Der Schutz der Dachhaut gegen Sonnenstrahlen kann durch eine Kiesschüttung oder auch durch eine dauernd vorhandene Wasserschicht erfolgen.

4.5.1.2 Belüftete Dächer

Zu den belüfteten Dächern gehören fast alle Steildächer und ein Teil der Flach-dächer. Die untere, innere Schale übernimmt die Funktion der Wärme-dämmung, die obere, äußere Schale die des Wetterschutzes.

Kaltdach, Steildach

Die Dachhaut besteht in unserem Beispiel (Bild 37) aus Beton-Dachsteinen. Ihre Belüftung erfolgt zwischen den Sparren. Oberhalb der Wärmedämm-schicht muß eine diffusionsoffene Unterspannbahn als Sicherung gegen Flug-schnee und vom Wind hineingepreßtes Wasser oder ein geschlossenzelliger Dämmstoff angeordnet werden. Die innere, leichte Schale übernimmt die Wärmedämmung. Für die Berechnung der flächenbezogenen Masse kann nur die raumseitig angeordnete Gipskartonplatte (0,02 m · 900 kg/m³ = 18 kg/m²) herangezogen werden. Der k-Wert dieser Schicht darf nach Tafel 39 also höch-stens 0,60 W/m² K betragen.

Kaltdach, Flachdach

Das Kaltdach ist eine zweischalige Konstruktion mit belüftetem Zwischenraum (Bild 43). Die untere, innere Schale, üblicherweise die Stahlbetondecke, muß auf der nach außen gelegenen Seite eine ausreichend bemessene Wärme-dämmung erhalten. Die äußere Schale ist lediglich ein Wetterschutz, der sowohl die Wärmedämmschicht auf der Oberseite der unteren Schale gegen Witterungseinflüsse schützt als auch die Erwärmung der Gesamtkonstruktion durch Sonneneinstrahlung vermindert. Der freie Lüftungsquerschnitt muß an zwei gegenüberliegenden Seiten mindestens je 2‰ der Dachdeckenfläche be-tragen. Die Höhe der Luftschicht muß Zugerscheinungen ausschließen. Wird unter der Wärmedämmschicht eine Dampfbremse mit einem Teildiffusions-widerstand von mindestens 10 m angeordnet, braucht die Sicherheit gegen Kondenswasserausfall nicht nachgewiesen zu werden. Eine Stahlbetondecke erfüllt immer diese Bedingung.

4.6 Fenster und Türen

4.6.1 Fenster

In Tafel 66 sind Rechenwerte für die Wärmedurchgangskoeffizienten von Fensterkonstruktionen angegeben. Diese Tafel enthält Werte für die Ver-glasung allein (k_v) und für Fenster und Fenstertüren (k_F) einschließlich des

Rahmens. Dabei werden drei Rahmenmaterialgruppen unterschieden. Unter Fenstertüren sind Türen zu verstehen, bei denen der Glasanteil mehr als 50% der Türfläche beträgt. Tafel 66 enthält neben den Angaben für Verglasungen aus Normalglas auch entsprechende Werte für Sondergläser. Dabei handelt es sich z. B. um Verglasungen mit Edelgasfüllungen zwischen den Scheiben und

Tafel 66: Rechenwerte der Wärmedurchgangskoeffizienten für die Verglasung (k_V) und für Fenster und Fenstertüren einschließlich Rahmen (k_F) (DIN 4108 Teil 4)

Spalte	1	2	3	4	5	6	7
Zeile	Beschreibung der Verglasung	Verglasung[1] k_V [W/(m²·K)]	Fenster und Fenstertüren einschließlich Rahmen k_F für Rahmenmaterialgruppe[2] [W/(m²·K)]				
			1	2.1	2.2	2.3	3[3]
1 Unter Verwendung von Normalglas							
1.1	Einfachverglasung	5,8	5,2				
1.2	Isolierglas mit ≥ 6 bis ≤ 8 mm Luftzwischenraum	3,4	2,9	3,2	3,3	3,6	4,1
1.3	Isolierglas mit > 8 bis ≤ 10 mm Luftzwischenraum	3,2	2,8	3,0	3,2	3,4	4,0
1.4	Isolierglas mit > 10 bis ≤ 16 mm Luftzwischenraum	3,0	2,6	2,9	3,1	3,3	3,8
1.5	Isolierglas mit zweimal ≥ 6 bis ≤ 8 mm Luftzwischenraum	2,4	2,2	2,5	2,6	2,9	3,4
1.6	Isolierglas mit zweimal > 8 bis ≤ 10 mm Luftzwischenraum	2,2	2,1	2,3	2,5	2,7	3,3
1.7	Isolierglas mit zweimal > 10 bis ≤ 16 mm Luftzwischenraum	2,1	2,0	2,3	2,4	2,7	3,2
1.8	Doppelverglasung mit 20 bis 100 mm Scheibenabstand	2,8	2,5	2,7	2,9	3,2	3,7
1.9	Doppelverglasung aus Einfachglas und Isolierglas (Luftzwischenraum 10 bis 16 mm) mit 20 bis 100 mm Scheibenabstand	2,0	1,9	2,2	2,4	2,6	3,1
1.10	Doppelverglasung aus zwei Isolierglaseinheiten (Luftzwischenraum 10 bis 16 mm) mit 20 bis 100 mm Scheibenabstand	1,4	1,5	1,8	1,9	2,2	2,7

Fußnoten siehe Seite 153

Tafel 66: Fortsetzung

Spalte	1	2	3	4	5	6	7
Zeile	Beschreibung der Verglasung	Verglasung[1] k_V [W/(m²·K)]	Fenster und Fenstertüren einschließlich Rahmen k_F für Rahmenmaterialgruppe[2] [W/(m²·K)]				
			1	2.1	2.2	2.3	3[3]
2 Unter Verwendung von Sondergläsern							
2.1	Die Wärmedurchgangskoeffizienten	3,0	2,6	2,9	3,1	3,3	3,8
2.2	k_V für Sondergläser werden aufgrund von Prüfzeugnissen hierfür	2,9	2,5	2,8	3,0	3,2	3,8
2.3	anerkannter Prüfanstalten festgelegt	2,8	2,5	2,7	2,9	3,2	3,7
2.4		2,7	2,4	2,7	2,9	3,1	3,6
2.5		2,6	2,3	2,6	2,8	3,0	3,6
2.6		2,5	2,3	2,5	2,7	3,0	3,5
2.7		2,4	2,2	2,5	2,6	2,9	3,4
2.8		2,3	2,1	2,4	2,6	2,8	3,4
2.9		2,2	2,1	2,3	2,5	2.7	3,3
2.10		2,1	2,0	2,3	2,4	2,7	3,2
2.11		2.0	1,9	2,2	2,4	2,6	3,1
2.12		1,9	1,8	2,1	2,3	2,5	3,1
2.13		1,8	1,8	2,0	2,2	2,5	3,0
2.14		1,7	1,7	2,0	2,2	2,4	2,9
2.15		1,6	1,6	1,9	2,1	2,3	2,9
2.16		1,5	1,6	1,8	2,0	2,3	2,8
2.17		1,4	1,5	1,8	1,9	2,2	2,7
2.18		1,3	1,4	1,7	1,9	2,1	2,7
2.19		1,2	1,4	1,6	1,8	2,0	2,6
2.20		1,1	1,3	1,6	1,7	2,0	2,5
2.21		1,0	1,2	1,5	1,7	1,9	2,4
3 Glasbausteinwand nach DIN 4242 mit Hohlglasbausteinen nach DIN 18175							3,5

Fußnoten siehe Seite 153

wärmereflektierenden Bedampfungen oder Beschichtungen. Die k-Werte für Sondergläser werden durch Prüfzeugnisse festgelegt und im Bundesanzeiger veröffentlicht.

Tafel 67 enthält Richtwerte für den Gesamtenergiedurchlaßgrad g von Verglasungen.

Tafel 67: Richtwerte für den Gesamtenergiedurchlaßgrad g von Verglasungen (Beispiele)

Klarglas: Einfachverglasung Doppelverglasung Dreifachverglasung	0,90 0,76 0,65
Wärmeschutzverglasung:	0,65
Sonnenschutzverglasung: Mehrfachverglasung mit Auresin 49/32 Mehrfachverglasung mit Graublau 50/36 Mehrfachverglasung mit Metallic 50/47	0,32 0,36 0,47

[1] Bei Fenstern mit einem Rahmenanteil von nicht mehr als 5% (z. B. Schaufensteranlagen) kann für den Wärmedurchgangskoeffizienten k_F der Wärmedurchgangskoeffizient k_V der Verglasung gesetzt werden.

[2] Die Einstufung von Fensterrahmen in die Rahmenmaterialgruppen 1 bis 3 ist wie folgt vorzunehmen:
Gruppe 1:
Fenster mit Rahmen aus Holz, Kunststoff (siehe Anmerkung) und Holzkombinationen (z. B. Holzrahmen mit Aluminiumbekleidung) ohne besonderen Nachweis oder wenn der Wärmedurchgangskoeffizient des Rahmens mit $k_R \leq 2,0$ [W/(m² · K)] aufgrund von Prüfzeugnissen nachgewiesen worden ist.
Anmerkung: In die Gruppe 1 sind Profile für Kunststoff-Fenster nur dann einzuordnen, wenn die Profilausbildung vom Kunststoff bestimmt wird und eventuell vorhandene Metalleinlagen nur der Aussteifung dienen.
Gruppe 2.1:
Fenster mit Rahmen aus wärmegedämmten Metall- oder Betonprofilen, wenn der Wärmedurchgangskoeffizient des Rahmens mit $k_R < 2,8$ [W/(m² · K)] aufgrund von Prüfzeugnissen nachgewiesen worden ist.
Gruppe 2.2:
Fenster mit Rahmen aus wärmegedämmten Metall- oder Betonprofilen, wenn der Wärmedurchgangskoeffizient des Rahmens mit $3,5 \geq k_R \geq 2,8$ [W/(m² · K)] aufgrund von Prüfzeugnissen nachgewiesen worden ist oder wenn die Kernzone der Profile bestimmte Merkmale aufweist.
Gruppe 2.3:
Fenster mit Rahmen aus wärmegedämmten Metall- oder Betonprofilen, wenn der Wärmedurchgangskoeffizient des Rahmens mit $4,5 \geq k_R \geq 3,5$ [W/(m² · K)] aufgrund von Prüfzeugnissen nachgewiesen worden ist oder wenn die Kernzone der Profile bestimmte Merkmale aufweist.

[3] Bei Verglasungen mit einem Rahmenanteil $\leq 15\%$ dürfen in der Rahmenmaterialgruppe 3 (Spalte 7, ausgenommen Zeile 1.1) die k_F-Werte um 0,5 [W/(m² · K)] herabgesetzt werden.

153

4.6.2 Türen

Einfache Außentüren aus Holz, Kunststoff und Metall haben hohe k-Werte und damit hohe Wärmeverluste (Tafel 68). Es ist daher zu empfehlen, mehrschichtige Außentüren mit mittlerer Wärmedämmung einzusetzen. Solche Türen können Wärmedurchgangskoeffizienten unter 1,0 W/m² K erreichen.

4.6.3 Fugendurchlässigkeit

Durch undichte Anschlußfugen von Fenstern und Türen treten infolge Luftaustausches Wärmeverluste auf. Die Fugendurchlässigkeit zwischen Flügeln

Tafel 68: Wärmedurchgangskoeffizient k in W/m² K für Türen

Art der Tür[1]	k-Wert
Außentüren	
Gesamtfläche > 5 m²	5,2
Holz, Kunststoff	2,5
Metall, ungedämmt	3,0
Metall, gedämmt	2,5
Außentüren mit Einfachverglasung	
Gesamtfläche < 5 m² und Glasfläche > 10%	5,2
Holz, Kunststoff	4,0
Metall, ungedämmt	4,5
Metall, gedämmt	4,0
Innentüren	
Holz, Kunststoff	2,0
Metall, ungedämmt	2,5
Metall, gedämmt	2,0
Innentüren mit Einfachverglasung	2,5

[1] Bei einem Glasanteil von mehr als 50% gelten die Werte für Fenster (Tafel 53), bei Mehrfachverglasung die Werte für unverglaste Türen. Bei einem Glasanteil < 10% und einer Gesamtfläche < 5 m² gelten die Werte der umgebenden Wand.

Tafel 69: Konstruktionsmerkmale von Fenstern und Fenstertüren in Abhängigkeit vom Fugendurchlaßkoeffizienten α nach DIN 18 055

Konstruktionsmerkmale	Fugendurchlaßkoeffizient α $m^3/(h \cdot m \cdot daPa^{2/3})$
Holzfenster (auch Doppelfenster) mit Profilen nach DIN 68 121 Teil 1 ohne Dichtung	$2,0 \geq \alpha > 1,0$
alle Fensterkonstruktionen (bei Holzfenstern mit Profilen nach DIN 68 121 Teil 1) mit alterungsbeständiger, leicht auswechselbarer, weichfedernder Dichtung	$\leq 1,0$

und Rahmen bei Fenstern und Türen gibt der Fugendurchlaßkoeffizient an. Beispiele zeigt Tafel 69.

Aus Gründen der Hygiene (Austausch von Schadgasen), Begrenzung der Luftfeuchte oder ggf. der Zuführung von Verbrennungsluft ist jedoch auf einen ausreichenden Luftwechsel zu achten.

4.7 Kennwerte für Baustoffe und Luftschichten

Die in den Tafeln aufgenommenen Rechenwerte entstammen DIN 4108, Teil 4, oder den im Bundesanzeiger veröffentlichten Bekanntmachungen.

Die Rechenwerte für die Rohdichte ϱ_R dienen zur Ermittlung der flächenbezogenen Masse. Sie wird für den zulässigen Höchstwert des Wärmedurchgangskoeffizienten (k-Wert) bei einem Gewicht der Bauteile unter 300 kg/m² sowie für den Nachweis des sommerlichen Wärmeschutzes und des Schallschutzes benötigt.

Die Rechenwerte λ_R berücksichtigen u. a. die Abhängigkeit der Wärmeleitfähigkeit von der Temperatur, den praktischen Feuchtegehalt der Bauteile und die schwankenden Stoffeigenschaften. Auch die Meßwerte von Wasserdampfdiffusionswiderstandszahlen unterliegen erheblichen Schwankungen. Deshalb sind in der Regel zwei Rechenwerte μ_R angegeben. Der für die Baukonstruktion ungünstigere Wert ist bei entsprechenden Berechnungen einzusetzen.

In die Tafeln sind nur Stoffe aufgenommen, die nicht in Abschnitt 4.2.1 behandelt werden.

Tafel 70: Betone und Leichtbetone in fugenlosen Bauteilen und großformatigen Platten (Beispiele)

1	2	3	4
Stoff	Roh-dichte ϱ	Wärmeleit-fähigkeit λ_R	Diffusions-wider-standszahl μ_R
	$\dfrac{kg}{m^3}$	$\dfrac{W}{mK}$	1
1. Normalbeton mit geschlossenem Gefüge	2400 (2300)[1]	2,10	70/150
2. Leichtbeton mit geschlossenem Gefüge			
2.1 ganz oder teilweise aus porigen Zuschlägen	1200 1400 1600 1800 2000	0,74 0,95 1,20 1,56 1,92	70/150
2.2 aus Blähton, Blähschiefer, Naturbims oder Schaumlava, *ohne* Quarzsand	1000 1100 1200 1300 1400 1500 1600	0,49 0,55 0,62 0,70 0,79 0,89 1,00	70/150
2.3 dampfgehärteter Porenbeton (DIN 4223)	400 500 600 700 800	0,14 0,16 0,19 0,21 0,23	5/10
3. Leichtbeton haufwerksporig			
3.1 aus nichtporigen Zuschlägen, z. B. Kies	1600 1800 2000	0,81 1,10 1,40	3/10 3/10 5/10
3.2 aus porigen Zuschlägen, *ohne* Quarzsand	600 700 800 1000 1200	0,22 0,26 0,28 0,36 0,46	5/15

Tafel 70: Fortsetzung

1	2	3	4
Stoff	Roh-dichte ϱ	Wärmeleit-fähigkeit λ_R	Diffusions-wider-standszahl μ_R
	$\dfrac{kg}{m^3}$	$\dfrac{W}{mK}$	1
3.3 aus porigen Zuschlägen, mit Quarzsand	800 1000 1200 1400 1600	0,34 0,43 0,55 0,68 0,90	5/15
3.4 ausschließlich aus Naturbims	500 600 700 800 900 1000	0,15 0,18 0,20 0,24 0,27 0,32	5/15
3.5 ausschließlich aus Blähton	500 600 700 800 900 1000	0,18 0,20 0,23 0,26 0,30 0,35	5/15
3.6 Liapor Beton	500 600 700 800 900	0,13 0,15 0,18 0,21 0,24	
4. EPS-Leichtbeton	200 300 400 500 600	0,09 0,12 0,16 0,18 0,21	
5. Mauerwerk aus Leicht- und Porenbetonsteinen	s. Abschnitt 4.2.1		5/10

[1] Rechenwerte für den Nachweis des Schallschutzes.

Tafel 71: Putz, Estrich, Platten, Verkleidungen

	1	2	3	4
	Stoff	Roh-dichte ϱ	Wärmeleit-fähigkeit λ_R	Diffusions-wider-standszahl μ_R
		$\dfrac{kg}{m^3}$	$\dfrac{W}{mK}$	1
1.	Putz, Estrich, Mörtel			
	Kalk-, Kalkzementmörtel	1800	0,87	15/35
	Kalkgips-, Gipsmörtel	1400	0,70	10
	Zementmörtel	2000	1,40	15/35
	Kunstharzputz	1100	0,70	50/200
	Wärmedämmputz	600	0,20	5/20
	Wärmedämmputzsysteme (DIN 18 550)			
	WLF-Gruppe 060	$\geq$ 200	0,060	
	070		0,070	
	080		0,080	
	090		0,090	
	100		0,100	
	Leichtmörtel LM 21	$\leq$ 700	0,21	15/35
	LM 36	$\leq$ 1000	0,36	15/35
	Gipsputz ohne Zuschlag	1200	0,35	10
	Zementestrich	2000	1,40	15/35
2.	Bauplatten			
2.1	Wandbauplatten	800	0,29	5/10
	aus Leichtbeton	900	0,32	
	(DIN 18 162)	1000	0,37	
		1200	0,47	
		1400	0,58	
2.2	Porenbeton-Bauplatten, unbewehrt (DIN 4166)			
2.2.1	normale Fugendicke	500	0,22	5/10
		600	0,24	
		700	0,27	
		800	0,29	

[1] Rechenwert nicht bekanntgegeben

Tafel 71: Fortsetzung

1	2	3	4
Stoff	Roh-dichte ϱ	Wärmeleit-fähigkeit λ_R	Diffusions-wider-standszahl μ_R
	$\dfrac{kg}{m^3}$	$\dfrac{W}{mK}$	1
2.2.2 dünnfugig verlegt	500 600 700 800	0,19 0,22 0,24 0,27	5/10
2.3 Wandbauplatten aus Gips (DIN 18163)	600 750 900 1000 1200	0,29 0,35 0,41 0,47 0,58	5/10
3. Plattenverkleidungen			
3.1 Faserzementplatten	2000	0,58	20/50
3.2 Außenwandverkleidungen aus Glas und Keramik	2000	1,20	100/300
3.3 Natursteinplatten kristalline, metamorphe Gesteine (Granit, Basalt, Marmor)	2800	3,50	200[1]
Sedimentgesteine (Sandstein, Muschelkalk, Nagelfluh)	2600	2,30	100[1]
Vulkanische, porige Natursteine	1600	0,55	30[1]
3.4 Holz und Holzwerkstoffe Fichte, Kiefer, Tanne Buche, Eiche	600 800	0,13 0,20	40 40
Spanplatten Flachpreßplatten Strangpreßplatten	700 700	0,13 0,17	50/100 20
Harte Holzfaserplatten	1000	0,17	70
3.5 Gipskartonplatten	900	0,21	8

[1] Rechenwert nicht bekanntgegeben

Tafel 72: Wärmedämmstoffe

1	2	3	4
Stoff	Roh-dichte ϱ	Wärme-leit-fähigkeit λ_R	Diffusions-wider-standszahl μ_R
	$\dfrac{kg}{m^3}$	$\dfrac{W}{mK}$	1
1. Schaumkunststoffe (DIN 18164)			
1.1 Polyurethan-Hartschaum (PUR)			
WLF-Gruppe 025	30	0,025	30/100
WLF-Gruppe 030	30	0,030	
WLF-Gruppe 035	30	0,035	
1.2 Polystyrol-Hartschaum (PS)			
1.2.1 Polystyrolpartikelschaum			
WLF-Gruppe 030	15	0,030	20/50
WLF-Gruppe 035	20	0,035	30/70
WLF-Gruppe 040	30	0,040	40/100
1.2.2 Polystyrol-Extruderschaum			
WLF-Gruppe 035	25	0,035	80/250
WLF-Gruppe 040	25	0,040	
1.3 Phenolharz-Hartschaum (PF)			
WLF-Gruppe 035	30	0,035	10/50
WLF-Gruppe 040	30	0,040	
WLF-Gruppe 045	30	0,045	
2. Ortschaum (DIN 18159)			
2.1 Polyurethan (PUR)	37	0,030	30/100
2.2 Harnstoff-Formaldehydharz (UF)	10	0,041	1/3
3. Mineralische Faserdämmstoffe (DIN 18165)			
3.1 WLF-Gruppe 035	20	0,035	1
	200	0,035	1
3.2 WLF-Gruppe 040	30	0,040	1
	300	0,040	1
3.3 WLF-Gruppe 045	40	0,045	1
	400	0,045	1
3.4 WLF-Gruppe 050	50	0,050	1
	500	0,050	1

Tafel 72: Fortsetzung

1	2	3	4
Stoff	Roh-dichte ϱ	Wärme-leit-fähigkeit λ_R	Diffusions-wider-standszahl μ_R
	$\dfrac{kg}{m^3}$	$\dfrac{W}{mK}$	1
4. Korkplatten (DIN 18161) WLF-Gruppe 045 WLF-Gruppe 050 WLF-Gruppe 055	100 250 400	0,045 0,050 0,055	5/10
5. Holzwolle-Leichtbauplatten (DIN 1101) Plattendicke $\geqq 25$ mm $= 15$ mm	360 480 570	0,090 0,090 0,150	2/5
6. Mehrschicht-Leichtbauplatten (DIN 1101) Polystyrol-Partikelschaumschicht (DIN 18164 Teil 1) WLF-Gruppe 040	($\geqq 15$)	0,040	20/50
Mineralfaserschicht (DIN 18165 Teil 1) WLF-Gruppe 040 045	(50 bis 250)	0,040 0,045	1
7. Schaumglas (DIN 18174) Fugen vergossen, $s \geqq 5$ cm offene Fugen WLF-Gruppe 045 WLF-Gruppe 050 WLF-Gruppe 055 WLF-Gruppe 060	100 110 130 150	0,045 0,050 0,055 0,060	$s_d = 1500$ m 100[1]
8. Holzfaserdämmplatten, porös (DIN 68750)	300 400	0,060 0,070	5 5

[1] Rechenwert nicht bekanntgegeben

Tafel 73: Beläge, Abdichtstoffe und Abdichtungsbahnen

1	2	3	4
Stoff	Rohdichte ϱ kg/m³	Rechenwert der Wärme- leitfähigkeit λ_R W/m · K	Richtwert der Wasser- dampf- Diffusions- widerstands- zahl μ
1. Fußbodenbeläge			
1.1 Linoleum nach DIN 18171	1000	0,17	
1.2 Korklinoleum	700	0,081	
1.3 Linoleum-Verbundbeläge nach DIN 18173	100	0,12	
1.4 Kunststoffbeläge, z. B. auch PVC	1500	0,23	
2. Abdichtstoffe, Abdichtungs- bahnen			
2.1 Asphaltmastix, Dicke ≥7 mm	2000	0,70	[1]
2.2 Bitumen	1100	0,17	
2.3 Dachbahnen, Dachdichtungs- bahnen			
2.3.1 Bitumendachbahnen nach DIN 52128	1200	0,17	10 000/80 000
2.3.2 nackte Bitumenbahnen nach DIN 52129	1200	0,17	2000/20 000
2.3.3 Glasvlies-Bitumendachbahnen nach DIN 52143			20 000/60 000
2.4 Kunststoff-Dachbahnen			
2.4.1 nach DIN 16729 (ECB) 2,0 K 2,0			50 000/75 000 70 000/90 000
2.4.2 nach DIN 16730 (PVC-P)			10 000/30 000
2.4.3 nach DIN 16731 (PIB)			400 000/1 750 000
2.5 Folien			
2.5.1 PVC-Folien, Dicke ≥0,1 mm			20 000/50 000
2.5.2 Polyethylen-Folien, Dicke ≥0,05 mm			100 000
2.5.3 Aluminium-Folien, Dicke ≥0,01 mm			[1]
2.5.4 andere Metallfolien, Dicke ≥0,1 mm			[1]

[1] Praktisch dampfdicht

Tafel 74: Anstriche

1	2	3	4	5
Stoff	Schicht-dicke s	Wärme-leit-fähigkeit λ_R	Diffusions-wider-standszahl μ_R	gleich-wertige Luft-schichtdicke $s_d = \mu_R \cdot s$
	$10^{-3} \cdot m$	W/m K	10^4	m
1. Anstriche[1]				
1.1 Lacke auf Basis				
Chlorkautschuk	0,15		7,0	10,5
Polyvinylchlorid	0,04		2,5	1,0
Epoxidharz, 2 Anstriche	0,23		6,1	14
Epoxidharz, 3 Anstriche	0,28		6,8	19
1.2 Bitumenanstrich				
Voranstrich	1,5		0,04	0,6
gefüllter Anstrich	2,0		0,3	6,0
Mastix	3,5		2,2	77,0

[1] Rechenwert nicht bekanntgegeben

Tafel 75: Lose Schüttungen

Stoff	Schütt-dichte ϱ kg/m³	Wärmeleit-fähigkeit λ_R W/m K
1. aus porigen Stoffen:		
1.1 Blähperlit	≤ 100	0,060
1.2 Blähglimmer	≤ 100	0,070
1.3 Korkschrot, expandiert	≤ 200	0,050
1.4 Hüttenbims	≤ 600	0,13
1.5 Blähton, Blähschiefer	≤ 400	0,16
1.6 Bimskies	≤ 1000	0,19
1.7 Schaumlava	≤ 1200	0,22
	≤ 1500	0,27

Tafel 76: Wärmedämmung von Luftschichten, die nicht mit der Außenluft in Verbindung stehen

1	2	3	4
Lage der Luftschicht	Dicke der Luftschicht s	Wärme-durchlaß-widerstand $1/\Lambda$	Diffusions-wider-standszahl μ_R
	10^{-3} m	m² K/W	1
1. Luftschicht lotrecht	$\geqq 10$ bis 20	0,14	1
	$\geqq 20$ bis 500	0,17	1
2. Luftschicht waagerecht	$\geqq 10$ bis 500	0,17	1

163

4.8 Zahlenwerte zur Dampfdiffusion

Tafel 77: Wasserdampfsättigungsdruck von +30 bis −20,9 °C

Temperatur °C	Wasserdampfsättigungsdruck Pa								
	,0	,1	,2	,3	,4	,5	,6	,7	,8	,9
30	4244	4269	4294	4319	4344	4369	4394	4419	4445	4469
29	4006	4030	4053	4077	4101	4124	4148	4172	4196	4219
28	3781	3803	3826	3848	3871	3894	3916	3939	3961	3984
27	3566	3588	3609	3631	3652	3674	3695	3717	3793	3759
26	3362	3382	3403	3423	3443	3436	3484	3504	3525	3544
25	3169	3188	3208	3227	3246	3266	3284	3304	3324	3343
24	2985	3003	3021	3040	3059	3077	3095	3114	3132	3151
23	2810	2827	2845	2863	2880	2897	2915	2932	2950	2968
22	2645	2661	2678	2695	2711	2727	2744	2761	2777	2794
21	2487	2504	2518	2535	2551	2566	2582	2598	2613	2629
20	2340	2354	2369	2384	2399	2413	2428	2443	2457	2473
19	2197	2212	2227	2241	2254	2268	2283	2297	2310	2324
18	2065	2079	2091	2105	2119	2132	2145	2158	2172	2185
17	1937	1950	1963	1976	1988	2001	2014	2027	2039	2052
16	1818	1830	1841	1854	1866	1878	1889	1901	1914	1926
15	1706	1717	1729	1739	1750	1762	1773	1784	1795	1806
14	1599	1610	1621	1631	1642	1653	1663	1674	1684	1695
13	1498	1508	1518	1528	1538	1548	1559	1569	1578	1588
12	1403	1413	1422	1431	1441	1451	1460	1470	1479	1488
11	1312	1321	1330	1340	1349	1358	1367	1375	1385	1394
10	1228	1237	1245	1254	1262	1270	1279	1287	1296	1304
9	1148	1156	1163	1171	1179	1187	1195	1203	1211	1218
8	1073	1081	1088	1096	1103	1110	1117	1125	1133	1140
7	1002	1008	1016	1023	1030	1038	1045	1052	1059	1066
6	935	942	949	955	961	968	975	982	988	995
5	872	878	884	890	896	902	907	913	919	925
4	813	819	825	831	837	843	849	854	861	866
3	759	765	770	776	781	787	793	798	803	808
2	705	710	716	721	727	732	737	743	748	753
1	657	662	667	672	677	682	687	691	696	700
0	611	616	621	626	630	635	640	645	648	653

Tafel 77: Fortsetzung

Temperatur °C	Wasserdampfsättigungsdruck Pa									
	,0	,1	,2	,3	,4	,5	,6	,7	,8	,9
−0	611	605	600	595	592	587	582	577	572	567
−1	562	557	552	547	543	538	534	531	527	522
−2	517	514	509	505	501	496	492	489	484	480
−3	476	472	468	464	461	456	452	448	444	440
−4	437	433	430	426	423	419	415	412	408	405
−5	401	398	395	391	388	385	382	379	375	372
−6	368	365	362	259	356	353	350	347	343	340
−7	337	336	333	330	327	324	321	318	315	312
−8	310	306	304	301	298	296	294	291	288	286
−9	284	281	279	276	274	272	269	267	264	262
−10	260	258	255	253	251	249	246	244	242	239
−11	237	235	233	231	229	228	226	224	221	219
−12	217	215	213	211	209	208	206	204	202	200
−13	198	197	195	193	191	190	188	186	184	182
−14	181	180	178	177	175	173	172	170	168	167
−15	165	164	162	161	159	158	157	155	153	152
−16	150	149	148	146	145	144	142	141	139	138
−17	137	136	135	133	132	131	129	128	127	126
−18	125	124	123	122	121	120	118	117	116	115
−19	114	113	112	111	110	109	107	106	105	104
−20	103	102	101	100	99	98	97	96	95	94

Tafel 78: Sättigungsdampfgehalt der Luft bei 1013 mbar

ϑ_L °C	m_w g/m³	ϑ_L °C	m_w g/m³	ϑ_L °C	m_w g/m³	ϑ_L °C	m_w g/m³	ϑ_L °C	m_w g/m³
30	30,4	20	17,3	10	9,39	±0	4,84	−10	2,14
29	28,8	19	16,3	9	8,81	−1	4,59	−11	1,96
28	27,2	18	15,4	8	8,26	−2	4,15	−12	1,80
27	25,8	17	14,5	7	7,74	−3	3,83	−13	1,65
26	24,9	16	13,7	6	7,25	−4	3,53	−14	1,51
25	23,0	15	12,8	5	6,79	−5	3,25	−15	1,39
24	21,8	14	12,1	4	6,36	−6	2,99	−16	1,27
23	20,6	13	11,3	3	5,95	−7	2,75	−17	1,16
22	19,4	12	10,7	2	5,56	−8	2,53	−18	1,06
21	18,3	11	10,0	1	5,19	−9	2,33	−19	0,97

Tafel 79: Rechenwerte N zur Berücksichtigung der Temperaturabhängigkeit des Dampfdiffusionswiderstandes

[°C]	$10^6 \cdot \left[\dfrac{\text{m h Pa}}{\text{kg}} \right]$ N	$10^6 \cdot \left[\dfrac{\text{m h Pa}}{\text{kg}} \right]$ ΔN
+30	1,39	
+20	1,43	0,04
+10	1,47	0,04
± 0	1,52	0,05
−10	1,57	0,05
−20	1,62	0,05
−30	1,67	0,05

Für übliche Hochbauten kann unabhängig von der Temperatur

$$N_m = 1,5 \cdot 10^6 \left[\frac{\text{m h Pa}}{\text{kg}} \right] \text{ gesetzt werden.}$$

Tafel 80: Taupunkttemperatur der Luft

Lufttem-peratur ϑ °C	Taupunkttemperatur $\vartheta_s^{1)}$ in °C bei einer relativen Luftfeuchte von													
	30%	35%	40%	45%	50%	55%	60%	65%	70%	75%	80%	85%	90%	95%
30	10,5	12,9	14,9	16,8	18,4	20,0	21,4	22,7	23,9	25,1	26,2	27,2	28,2	29,1
29	9,7	12,0	14,0	15,9	17,5	19,0	20,4	21,7	23,0	24,1	25,2	26,2	27,2	28,1
28	8,8	11,1	13,1	15,0	16,6	18,1	19,5	20,8	22,0	23,2	24,2	25,2	26,2	27,1
27	8,0	10,2	12,2	14,1	15,7	17,2	18,6	19,9	21,1	22,2	23,3	24,3	25,2	26,1
26	7,1	9,4	11,4	13,2	14,8	16,3	17,6	18,9	20,1	21,2	22,3	23,3	24,2	25,1
25	6,2	8,5	10,5	12,2	13,9	15,3	16,7	18,0	19,1	20,3	21,3	22,3	23,2	24,1
24	5,4	7,6	9,6	11,3	12,9	14,4	15,8	17,0	18,2	19,3	20,3	21,3	22,3	23,1
23	4,5	6,7	8,7	10,4	12,0	13,5	14,8	16,1	17,2	18,3	19,4	20,3	21,3	22,2
22	3,6	5,9	7,8	9,5	11,1	12,5	13,9	15,1	16,3	17,4	18,4	19,4	20,3	21,2
21	2,8	5,0	6,9	8,6	10,2	11,6	12,9	14,2	15,3	16,4	17,4	18,4	19,3	20,2
20	1,9	4,1	6,0	7,7	9,3	10,7	12,0	13,2	14,4	15,4	16,4	17,4	18,3	19,2
19	1,0	3,2	5,1	6,8	8,3	9,8	11,1	12,3	13,4	14,5	15,5	16,4	17,3	18,2
18	0,2	2,3	4,2	5,9	7,4	8,8	10,1	11,3	12,5	13,5	14,5	15,4	16,3	17,2
17	-0,6	1,4	3,3	5,0	6,5	7,9	9,2	10,4	11,5	12,5	13,5	14,5	15,3	16,2
16	-1,4	0,5	2,4	4,1	5,6	7,0	8,2	9,4	10,5	11,6	12,6	13,5	14,4	15,2
15	-2,2	-0,3	1,5	3,2	4,7	6,1	7,3	8,5	9,6	10,6	11,6	12,5	13,4	14,2
14	-2,9	-1,0	0,6	2,3	3,7	5,1	6,4	7,5	8,6	9,6	10,6	11,5	12,4	13,2
13	-3,7	-1,9	-0,1	1,3	2,8	4,2	5,5	6,6	7,7	8,7	9,6	10,5	11,4	12,2
12	-4,5	-2,6	-1,0	0,4	1,9	3,2	4,5	5,7	6,7	7,7	8,7	9,6	10,4	11,2
11	-5,2	-3,4	-1,8	-0,4	1,0	2,3	3,5	4,7	5,8	6,7	7,7	8,6	9,4	10,2
10	-6,0	-4,2	-2,6	-1,2	0,1	1,4	2,6	3,7	4,8	5,8	6,7	7,6	8,4	9,2

[1] Näherungsweise darf gradlinig interpoliert werden

5 Begriffe – Formeln – Einheiten

Formel-zeichen	Begriff	Einheit
1	2	3
ϑ_i ϑ_a $\Delta\vartheta$	Temperatur der Raumluft Temperatur der Außenluft Temperaturdifferenz	°C °C K
	(1) $\Delta\vartheta = \vartheta_i - \vartheta_a$	
q k	Wärmestromdichte Wärmedurchgangskoeffizient	W/m² W/m² K
	(2) $q = k \cdot \Delta\vartheta$	
λ Λ $\dfrac{1}{\Lambda}, R_\lambda$ s	Wärmeleitfähigkeit Wärmedurchlaßkoeffizient Wärmedurchlaßwiderstand, Wärmeleitwiderstand Schichtdicke	W/m K W/m² K m² K/W m
	(3) $\dfrac{1}{\Lambda} = \dfrac{s_1}{\lambda_1} + \dfrac{s_2}{\lambda_2} + \ldots + \dfrac{s_n}{\lambda_n}$	
α α_i α_a	Wärmeübergangskoeffizient Wärmeübergangskoeffizient auf der Innenseite von Bauteilen Wärmeübergangskoeffizient auf der Außenseite von Bauteilen	W/m² K W/m² K W/m² K
$\dfrac{1}{\alpha_i}, R_i$	Wärmeübergangswiderstand innen	m² K/W
$\dfrac{1}{\alpha_a}, R_a$	Wärmeübergangswiderstand außen	m² K/W
$\dfrac{1}{k}, R_k$	Wärmedurchgangswiderstand	m² K/W
	(4a) $\dfrac{1}{k} = \dfrac{1}{\alpha_i} + \dfrac{1}{\Lambda} + \dfrac{1}{\alpha_a}$ (4b) $k = \dfrac{1}{\dfrac{1}{\alpha_i} + \dfrac{1}{\Lambda} + \dfrac{1}{\alpha_a}}$	

Formel-zeichen	Begriff	Einheit
1	2	3
$k_{m(W+F)}$	mittlerer Wärmedurchgangskoeffizient für Wand und Fenster	W/m² K
k_W	Wärmedurchgangskoeffizient der Wände	W/m² K
k_F	Wärmedurchgangskoeffizient der Fenster	W/m² K
A_W	Außenwandflächen	m²
A_F	Fensterflächen (auch Fenstertüren)	m²
f	Fensterflächenanteil	1

$$(5) \quad k_{m(W+F)} = \frac{k_W \cdot A_W + k_F \cdot A_F}{A_W + A_F}$$

$$(6) \quad f = \frac{A_F}{A_W + A_F}$$

$$(7) \quad k_{m(W+F)} = \frac{A_F}{A_W + A_F} \cdot k_F + \frac{A_W}{A_W + A_F} \cdot k_W$$

A	wärmetauschende Umfassungsfläche eines Bauwerks	m²
A_{DL}	Flächen von Decken, die Aufenthaltsräume nach unten gegen die Außenluft abgrenzen	m²
A_D	Fläche wärmegedämmter Dächer und Decken, Decken unter nicht ausgebauten Dachgeschossen	m²
A_G	Grundfläche des Gebäudes, sofern sie nicht an die Außenluft grenzt (z. B. Kellerdecke, Fußböden und Wandflächen von Aufenthaltsräumen, die an das Erdreich grenzen)	m²
A_{AB}	Flächen zu angrenzenden Gebäudeteilen mit wesentlich niedrigeren Innentemperaturen	m²

$$(8) \quad A = A_W + A_F + A_{DL} + A_D + A_G + A_{AB}$$

k_m	mittlerer Wärmedurchgangskoeffizient der wärmetauschenden Umfassungsflächen	W/m² K

$$(9) \quad k_m = \frac{k_W A_W + k_F A_F + k_{DL} A_{DL} + 0,8 k_D A_D + 0,5 k_G A_G + 0,5 k_{AB} \cdot A_{AB}}{A}$$

V	Volumen eines Bauwerkes, das von den wärme-tauschenden Umfassungsflächen umschlossen wird	m³
V_L	anrechenbares Luftvolumen	m³

$$V_L = 0,8 \, V$$

A/V	Verhältnis A/V	m⁻¹

Formel-zeichen	Begriff	Einheit
1	2	3
$(\Delta\vartheta \cdot t_H)$	Heizgradstunden einer betrachteten Periode (WSV, 84 000 Kh)	Kh
Q_T	Transmissionswärmebedarf der Bauteile	kWh/a
	(10) $Q_T = A \cdot k_m \cdot (\Delta\vartheta \cdot t_H) \cdot 10^{-3}$	
$k_{eq,F}$	äquivalenter Wärmedurchgangskoeffizient der Fenster	W/m² K
g	Gesamtenergiedurchlaßgrad der Verglasung	
S_F	Koeffizient für solare Wärmegewinne der Fenster	
	(11) $k_{eq\,F} = k_F - g \cdot S_F$	
β	Luftwechselzahl (WSV:0,8)	1/h
V_L	anrechenbares Luftvolumen	m³
$(c \cdot \varrho)_L$	spezifische Wärmekapazität und Rohdichte der Luft, Normwert: 0,34	Wh/m³ K
$(\Delta\vartheta \cdot t_H)$	Heizgradstunden (WSV:84 000)	Kh
Q_L	Lüftungswärmebedarf	kWh/a
	(12) $Q_L = \beta \cdot V_L \cdot (c \cdot \varrho)_L \cdot (\Delta\vartheta \cdot t_H) \cdot 10^{-3}$ (12a) $Q_L = 0,8 \cdot V_L \cdot 0,34 \cdot 84 = 22,85 \cdot V_L$	
Q_I	nutzbare interne Wärmegewinne	kWh/a
$q_{i,Vol}$	mittlere interne Wärmegewinne, volumenbezogen (WSV: Wohngebäude 8, Verwaltungsgebäude 10)	kWh/m³ a
	(13) $Q_I = q_{I,Vol} \cdot V$	
Q_s	nutzbare solare Wärmegewinne	kWh/a
I_j	Strahlungsangebot in Abhängigkeit von der Himmelsrichtung	kWh/a
g_i	Gesamtenergiedurchlaßgrad der Verglasung	–
$A_{Fi,j}$	Fensterfläche i mit Orientierung j zur Himmelsrichtung	m²
	(14) $Q_s = \sum_{i,j} 0,46 \cdot I_j \cdot g_i \cdot A_{Fj,i}$	
$g_{eff,i}$	effektiver Energiedurchlaßgrad ($g_{eff} = 0,85 \cdot g$)	–
Z_i	Abminderungsfaktor infolge Verschattung	–
$f_{v,i}$	Abminderungsfaktor, Rahmenanteil (0,7)	–
η_a	Nutzungsgrad (0,85)	–
	(15) $g_{eff,i} \cdot z_i \cdot f_{v,i} \cdot \eta_a = 0,46$	
Q_H	Heizwärmebedarf	kWh/a

Formel-zeichen	Begriff	Einheit
1	2	3

(16) $Q_H = Q_T + Q_L - Q_I - Q_S$

Formel-zeichen	Begriff	Einheit
g_F	Gesamtenergiedurchlaßgrad in Abhängigkeit von der Verglasung und zusätzlichen Sonnenschutzvorrichtungen	1
g	Gesamtenergiedurchlaßgrad der Verglasung	1
z	Abminderungsfaktor für 1, 2, ..., n hintereinander-geschaltete Sonnenschutzvorrichtungen	1

(17) $g_F = g \cdot (z_1 \cdot z_2 \cdot \ldots \cdot z_n)$

Formel-zeichen	Begriff	Einheit
ϱ_R	Rechenwert der Rohdichte	kg/m^3
c	spezifische Wärmekapazität	$J/kg\,K$
b	Wärmeeindringkoeffizient	$J/m^2\,s^{1/2}\,K$

(18) $b = \sqrt{\lambda \cdot \varrho_R \cdot c}$

Formel-zeichen	Begriff	Einheit
$\hat{\vartheta}_{a,o}$	Temperaturamplitude auf der Außenseite eines Bauteils	K
$\hat{\vartheta}_{i,o}$	Temperaturamplitude auf der Innenseite eines Bauteils	K
TAV	Temperaturamplitudenverhältnis	1

(19) $TAV = \dfrac{\hat{\vartheta}_{i,o}}{\hat{\vartheta}_{a,o}}$

Formel-zeichen	Begriff	Einheit
μ	Wasserdampfdiffusionswiderstandszahl	1
N	Rechenwert, der die Temperaturabhängigkeit der Wasserdampfdiffusion berücksichtigt	$\dfrac{m\,h\,Pa}{kg}$
$\dfrac{1}{\Delta}$, R_δ	Wasserdampfdiffusionsdurchlaßwiderstand	$\dfrac{m^2\,h\,Pa}{kg}$
s_d	Teildiffusionswiderstand (diffusionsäquivalente Luftschichtdicke)	m

(20) $R_\delta = \mu \cdot s \cdot N$
(21) $s_d = \mu \cdot s$

Formel-zeichen	Begriff	Einheit
p	Teildruck des Wasserdampfes	Pa
p_s	Sättigungsdruck des Wasserdampfes bezogen auf die Temperatur	Pa
φ	relative Luftfeuchte (r.F.)	%

(22) $\varphi = \dfrac{p}{p_s} \cdot 100$

Formel-zeichen	Begriff	Einheit
1	2	3
p_i, p_a	Teildruck des Wasserdampfes der Raumluft bzw. Außenluft	Pa
Δp	Differenz des Wasserdampfteildruckes	Pa
i	Wasserdampfdiffusionsstromdichte	$\dfrac{g}{m^2\,h}$

$$(23)\quad \Delta p = p_i - p_a$$
$$(24)\quad i = \frac{\Delta p}{R_\delta} \cdot 10^3$$

W	flächenbezogene Wassermasse	$\dfrac{g}{m^2}$
t	Zeitdauer der Frost- bzw. Trockenperiode	h

$$(25)\quad W = i \cdot t$$

s_x	Dicke der Schicht, in der Wasser anfällt	m
u_v	volumenbezogene Feuchte fester Stoffe	Vol-%

$$(26)\quad u_v = \frac{W}{s_x} \cdot 10^{-4}$$

$\vartheta_{i,o}$	mittlere Oberflächentemperatur der Raumbegrenzungen	°C
ϑ_s	Taupunkttemperatur der Luft	°C

$$(27)\quad \vartheta_{i,o} = \vartheta_i - \frac{k}{\alpha_i} \cdot \Delta\vartheta$$
$$(28)\quad \text{zul } k = \frac{\alpha_i(\vartheta_i - \vartheta_s)}{\Delta\vartheta}$$

D	Schallpegeldifferenz	dB
L_1	Schallpegel im Senderaum	dB
L_2	Schallpegel im Empfangsraum	dB

$$(29)\quad D = L_1 - L_2$$

R	Schalldämm-Maß	dB
S	Prüffläche des Bauteils	m²
A	äquivalente Absorptionsfläche im Empfangsraum	m²

$$(30)\quad R = D + 10\lg\frac{S}{A}$$

R_w	bewertetes Schalldämm-Maß ohne Schallübertragung über flankierende Bauteile	dB

Formel-zeichen	Begriff	Einheit
1	2	3
R'_w	bewertetes Schalldämm-Maß mit Schallübertragung über flankierende Bauteile	dB
LSM	Luftschallschutzmaß (nicht mehr gebräuchlich)	dB
	(31) $R'_w = LSM + 52$	
$R'_{w,res}$	resultierendes Schalldämm-Maß zusammengesetzter Bauteile	dB
L_n	Normtrittschallpegel	dB
L_T	gemessener Trittschallpegel	dB
A_o	Bezugsabsorbtionsfläche im Empfangsraum ($A_o = 10$ m^2)	m^2
	(32) $L_w = L_T + 10 \lg \dfrac{A}{A_o}$	
$L_{n,w}$	bewerteter Normtrittschallpegel	dB
TSM	Trittschallschutzmaß (bisher verwendet)	dB
	(33) $L_{n,w} = 63 - TSM$	
$L_{n,w,eq}$	äquivalenter bewerteter Normtrittschallpegel von Massivdecken ohne Deckenauflage	dB
ΔL_w	Trittschallverbesserungsmaß	dB
	(34) $L_{n,w} = L_{n,w,eq} - \Delta L_w$	

6 Schrifttum

Es wird nur das in der Broschüre zitierte oder bei der Abfassung verwendete Schrifttum aufgeführt.

6.1 Normen und Richtlinien

		Ausgabedatum
Gesetz	zur Einsparung von Energie in Gebäuden	22. 7. 76
	Änderung	20. 6. 80
Verordnung	über einen energiesparenden Wärmeschutz bei Gebäuden (Wärmeschutzverordnung)	16. 8. 94
DIN 4108	Wärmeschutz im Hochbau	8. 81
Teil 1	Größen und Einheiten	
Teil 2	Wärmedämmung und Wärmespeicherung; Anforderungen und Hinweise für Planung und Ausführung	
Teil 3	Klimabedingter Feuchteschutz; Anforderungen und Hinweise für Planung und Ausführung	
Teil 4	Wärme- und feuchteschutztechnische Kennwerte	11. 91
Teil 5	Berechnungsverfahren	
DIN 4701	Regeln für die Berechnung des Wärmebedarfs von Gebäuden	3. 83
VDI 2078	Berechnung der Kühllast klimatisierter Räume	8. 77
DIN 4109	Schallschutz im Hochbau	11. 89
Beiblatt 1	Ausführungsbeispiele und Rechenverfahren	
Beiblatt 2	Hinweise für Planung und Ausführung; Vorschläge für einen erhöhten Schallschutz; Empfehlungen für den Schallschutz im eigenen Wohn- oder Arbeitsbereich	
DIN 52 210		
Teil 1	Bauakustische Prüfungen; Luft- und Trittschalldämmung, Meßverfahren	8. 84
Verordnung	Bauliche Schallschutzanforderungen nach dem Gesetz zum Schutz gegen Fluglärm	4. 74
DIN 4102	Brandverhalten von Baustoffen und Bauteilen	3. 81
Teil 4	Zusammenstellung und Anwendung klassifizierter Baustoffe, Bauteile und Sonderbauteile	9. 94

		Ausgabedatum
DIN 18055	Fenster; Fugendurchlässigkeit, Schlagregendichtigkeit und mechanische Beanspruchung	10. 81

DIN 1055

Teil 1	Lastannahmen für Bauten; Lagerstoffe, Baustoffe und Bauteile, Eigenlasten und Reibungswinkel	7. 78

DIN 18195

Teil 4	Abdichtung gegen Bodenfeuchtigkeit, Bemessung und Ausführung	8. 83
Teil 5	Abdichtung gegen nicht drückendes Wasser, Bemessung und Ausführung	2. 84
Teil 6	Abdichtung gegen von außen drückendes Wasser, Bemessung und Ausführung	3. 83
Teil 10	Schutzschichten und Schutzmaßnahmen	3. 83

6.2 Bücher und Aufsätze

[1] Frank, W.: Raumklima und thermische Behaglichkeit. Ber. a. d. Bauforschung, Heft 104. Wilh. Ernst & Sohn, Berlin, 1975.

[2] Frank, W.: Behaglichkeit, was heißt das in der Klimatisierung? CCI, Clima Commerce International, Heft 4, 1970.

[3] Terhaag, L.: Thermische Behaglichkeit – Grundlagen. Gesundes Wohnen – ein Kompendium. Beton-Verlag, Düsseldorf, 1986.

[4] RWE-Bau-Handbuch, Technischer Ausbau 1981/82 und 11. Auflage. RWE, Essen.

[5] Brandt, J., u. H. Moritz: Bauteile – Anforderungen und Eigenschaften. Gesundes Wohnen – ein Kompendium. Beton-Verlag, Düsseldorf, 1986.

[6] Künzel, H.: Müssen Außenwände atmungsfähig sein? wksb (25), Heft 11, Grünzweig + Hartmann und Glasfaser AG, Ludwigshafen, 1980.

[7] Brandt, J., und W. Rechenberg: Umwelt, Radioaktivität und Beton, Sachstandsbericht. Beton-Verlag, Düsseldorf, 1994.

[8] Keller, G.: Die Strahleneinwirkung durch Radon in Wohnhäusern. Bauphysik 15, 1993, H. 5, S. 141/145.

[9] Keller, G., und H. Muth: Natürliche Radioaktivität. Gesundes Wohnen – ein Kompendium. Beton-Verlag, Düsseldorf, 1986.

[10] Keller, G.: Einfluß der natürlichen Radioaktivität. arcus, Serie 1984.

[11] Bundesminister des Inneren. Umweltradioaktivität und Strahlenbelastung. Parlamentsbericht 1978.

[12] Deutsche Gesellschaft für Wohnungsmedizin e. V.: Wohnmedizinische Grundlagen zu kosten- und flächensparendem Bauen, Vorstudie unveröffentlicht. Baden-Baden, 1985.

[13] Marmé, W., u. J. Seeberger: Energieinhalt von Baustoffen. Gesundes Wohnen – ein Kompendium. Beton-Verlag, Düsseldorf, 1986.

[14] Hauser, G.: Einfluß der Baukonstruktion auf den Heizwärmeverbrauch. Gesundes Wohnen – ein Kompendium. Beton-Verlag, Düsseldorf, 1986.

[15] Hauser, G., und H. Stiegel: Wärmebrücken – Atlas für Mauerwerksbau. Bauverlag, Wiesbaden, 1990.

[16] Schwarz, B.: Wärme aus Beton, Systeme zur Nutzung der Sonnenenergie. Beton-Verlag, Düsseldorf, 1987.

[17] Schwarz, B.: Solarenergienutzung durch Bauteile aus Beton. Gesundes Wohnen – ein Kompendium. Beton-Verlag, Düsseldorf, 1986.

[18] Krieger, R.: Gesundes Wohnen in Beton. Zement-Mitteilungen 23, Bundesverband der Deutschen Zementindustrie, 1987.

[19] Fraunhofer-Institut für Bauphysik: Wasserdampf-Absorption von Betonen und Putzen. Untersuchungsbericht G Ho 15, unveröffentlicht. Holzkirchen, 1985.

[20] Dahmen, G.: Feuchtigkeitsbeanspruchungen im Kellerbereich. Manuskript, Essen, 1979.

[21] Lohmeyer, G.: Weiße Wannen – einfach und sicher. Beton-Verlag, Düsseldorf, 1994.

[22] Schweikert, H.: Drainung zum Schutz baulicher Anlagen. Manuskript, Essen, 1979.

[23] Matern, P.: Zukunftssicheres Bauen in der Landwirtschaft. Bayerischer Industrieverband Steine und Erden, München, 1982.

[24] Brandt, J., G. Lohmeyer und H. Wolf: Keller richtig gebaut. Beton-Verlag, Düsseldorf, 1990.

[25] Mechel, F. P.: Schallschutz im Hochbau, Hinweise für Planung und Ausführung. Gesundes Wohnen – ein Kompendium. Beton-Verlag, Düsseldorf, 1986.

[26] Petit, K. L., und Ir. A. Nicolaus: Die Rolle der thermischen Kapazität der Wände in Viehställen. Cembureau, Paris, 1967.

[27] Gertis, K., und G. Hauser: Forschungsbericht B 4654/12: Kenngrößen des instationären Wärmeschutzes von Außenbauteilen. Dokumentationsstelle für Bautechnik, Stuttgart, 1974.

[28] Kind-Barkauskas, F., St. Polónyi, B. Kausen und J. Brandt: Beton-Atlas – Entwerfen mit Stahlbeton im Hochbau. Beton-Verlag, Düsseldorf, und Institut für internationale Architektur-Dokumentation, München, 1995.

[29] Beck, H., und K. Frenzel: Ausbaudetails im Fertigteilbau. Fachvereinigung Deutscher Betonfertigteilbau, Bonn, 1993.

[30] Bundesverband der Deutschen Transportbetonindustrie: Bauarchiv, 4. ergänzte Auflage.

[31] Brandt, J., und H. Moritz: Bauen mit Beton, Anforderungen der neuen Wärmeschutzverordnung an Wohnbauten. Beton 44, Heft 8, 1994.

[32] Gösele, K., und W. Schüle: Schall – Wärme – Feuchtigkeit. Bauverlag, Wiesbaden-Berlin, 1985.

7 Sachwortverzeichnis